加利福尼亚兔

新西兰白兔

新西兰白兔

比利时兔

德国花巨兔

兔笼

兔舍

兔舍

半敞开式兔舍

兔舍背面

农村家庭兔舍

敞开式兔舍

地砖制成的承粪板

地砖制成的承粪板（背面）

半敞开式兔舍

兔舍

废铁皮制成的草架

母子笼

食槽

食槽

双列式兔舍

水泥板制成的兔笼

这样就能办好家庭肉兔养殖场

主　编　吴信生

副主编　赵文明

参　编　徐　琪　　徐贵江　　夏义忠

夏新山　　段宝法　　杨安龙

黄厚清

科学技术文献出版社

SCIENTIFIC AND TECHNICAL DOCUMENTATION PRESS

·北京·

图书在版编目（CIP）数据

这样就能办好家庭肉兔养殖场 / 吴信生主编. —北京：科学技术文献出版社，2015.5

ISBN 978-7-5023-9594-0

Ⅰ.①这… Ⅱ.①吴… Ⅲ.①肉用兔—饲养管理 ②肉用兔—养殖场—经营管理 Ⅳ.①S829.1

中国版本图书馆 CIP 数据核字（2014）第 271232 号

这样就能办好家庭肉兔养殖场

策划编辑：乔懿丹 责任编辑：袁其兴 责任校对：赵 瑗 责任出版：张志平

出 版 者	科学技术文献出版社	
地 址	北京市复兴路15号 邮编 100038	
编 务 部	（010）58882938，58882087（传真）	
发 行 部	（010）58882868，58882874（传真）	
邮 购 部	（010）58882873	
官 方 网 址	www.stdp.com.cn	
发 行 者	科学技术文献出版社发行 全国各地新华书店经销	
印 刷 者	北京时尚印佳彩色印刷有限公司	
版 次	2015 年 5 月第 1 版 2015 年 5 月第 1 次印刷	
开 本	850×1168 1/32	
字 数	127千	
印 张	6.375 彩插4面	
书 号	ISBN 978-7-5023-9594-0	
定 价	18.00元	

前　　言

　　肉兔是节粮型食草小动物,其主要产品是兔肉。兔肉是一种优质保健肉类,具有高蛋白、高赖氨酸、高磷脂、高消化率和低脂肪、低胆固醇、低热量的特点。目前我国是世界上肉兔养殖数量最多、兔肉产品出口最多的国家。发展肉兔养殖业具有投资小、饲养成本低、设施简单、饲养技术简单易学、周转快等特点,饲养的经济效益较高,深加工效益高,因此,因地制宜地发展肉兔养殖业,以草料为主、精料为辅,可获得营养丰富的兔肉食品,已成为广大农村调整产业结构和农民脱贫致富的好项目,对建设社会主义新农村具有十分重要的意义。

　　随着社会的发展和生活水平的不断提高,居民膳食结构发生了很大变化,人们的食物结构中高蛋白、低脂肪的食品比重越来越大,因此,肉兔养殖业具有广阔的前景。虽然我国是世界上肉兔生产大国,但现今制约我国肉兔养殖业健康发展的因素主要是广大农村肉兔养殖场养殖的肉兔品种质量不高、饲养管理粗放、防疫措施不力等。要促进我国肉兔养殖业的健康、有序发展,向高产优质高效转化,必须大力普及推广肉兔科学饲养技术。因此,本书在编写过程中,尽量注意到肉兔养殖过程中主要环节、关键性技术以及生产中的成功经验,并注意到内容的科学性和实用性。

本书编写过程中,承蒙扬州大学动物科学与技术学院、江苏省农科院畜牧研究所、《中国养兔》杂志等单位和个人的大力支持和帮助,在此表示衷心感谢!

由于编者的水平有限,书中错误与不足之处在所难免,诚请同行及广大读者予以批评指正。

目　　录

一、怎样选择肉兔优良品种

(一)肉兔品种和配套系

1. 新西兰兔

是近代最著名的肉用品种之一。由美国于 20 世纪初用弗朗德巨兔、美国白兔和安哥拉兔等杂交选育而成。新西兰兔毛色有白、黄、棕色 3 种。其中以白色新西兰兔(即新西兰白兔)最为著名。该兔体型中等,头宽圆而粗短,耳小、宽厚而直立,颈粗短,颌下有肉髯,腰和肋部丰满,后躯发达,臀圆,四肢强壮有力,脚毛丰厚。

新西兰兔最大的特点是早期生长发育快。2 月龄体重达 2 千克左右。成年母兔体重 4.5～5.4 千克,公兔 4.1～5.4 千克。屠宰率达 50%～55%,肉质细嫩。母兔繁殖力强,最佳配种年龄为 5～6 月龄,年产 5 窝以上,每窝产仔 7～8 只。该兔适应性和抗病性强,性情温驯,易于管理,饲料利用率高。

2. 加利福尼亚兔

该兔原产于美国加利福尼亚州，又称加州兔，由喜马拉雅兔、青紫蓝兔和新西兰白兔杂交选育而成。是世界上著名的肉兔品种之一。加利福尼亚兔具有白色被毛，鼻端、两耳、四肢下端和尾呈黑色，故称之为"八点黑"。八点黑的颜色，幼兔色浅，随年龄增长而加深；冬季色深，夏季色淡。该兔体型中等，头大小适中，耳小直立，眼红色，嘴钝圆，胸部、肩部和后躯发育良好，肌肉丰满。四肢短细。

加利福尼亚兔早期生长发育快，2月龄体重达 1.8～2.0 千克，成年母兔体重 3.9～4.8 千克，公兔 3.6～4.5 千克。成年体长 44～46 厘米，胸围 35～37 厘米。主要特点是产肉性能好，屠宰率达 52%～54%，肉质鲜嫩。母兔繁殖力强，年产 4～5 窝，每窝平均产仔 6～8 只。母兔哺育力强，仔兔成活率高，是理想的"保姆兔"。该兔性温顺，适应性和抗病力强，耐粗饲，皮板质量好。

3. 比利时兔

由比利时贝韦伦地区的野生穴兔改良选育形成，最初为观赏品种，后由英国育种家选育而成的大型肉兔品种。该兔外貌酷似野兔，被毛深红而带黄褐或深褐色，单根毛纤维的两端色深，中间色浅，体长而清秀，后躯离地面较高，被誉为兔族中的"竞走马"。头似"马头"，眼黑色，耳较长，耳尖有光亮的黑色的毛边，颊部突出，额宽圆，鼻梁隆起，颈粗短，颌下有肉髯，但不发达，体躯较长，胸腹紧凑，骨骼较细，四肢粗大，体质结实，肌肉丰满。

该兔生长速度较快,3月龄体重可达2.8千克以上。成年体重,中型2.7~4.1千克,大型5.0~6.5千克,高的可达9千克。屠宰率52%左右,肉质细嫩。繁殖力较高,每窝产仔7~8只。泌乳力好,仔兔成活率高。抗病力强,适应性广,耐粗饲。缺点是笼养时,相对于其他兔而言,易患脚皮炎和疥螨。

4. 弗朗德巨兔

该兔起源于比利时北部弗朗德一带,是最早、最著名、体型最大的肉用型品种。弗朗德巨兔体型大,结构匀称,骨骼粗重,背部宽平,根据毛色分为钢灰色、黑灰色、黑色、蓝色、白色、浅黄色和浅褐色7个品系。美国弗朗德巨兔多为钢灰色,体型稍小,背偏平,成年母兔体重5.9千克,公兔6.4千克。英国弗朗德巨兔成年母兔体重6.8千克,公兔5.9千克。法国弗朗德巨兔成年母兔体重6.8千克,公兔7.7千克。白色弗朗德巨兔为白毛红眼,头耳较大,被毛浓密,富有光泽;黑色弗朗德巨兔眼为黑色。

弗朗德巨兔生长速度快,产肉性能好,肉质优良。成熟较晚,遗传性能不稳定,母兔繁殖力低。该兔适应性强,耐粗饲。

5. 德国花巨兔

亦称巨型兔,由德国育成。花巨兔有黑色和蓝色两种,引入我国的主要是黑色花巨兔。被毛底色为白色,双耳、口鼻部、眼圈周围为黑色,从颈部沿背脊至尾根(背中线)有一锯齿状黑带,体躯两侧有若干对称、大小不等的蝶状黑斑,故又称"蝶斑兔"。

体型高大,体躯较长,呈弓形,较其他品种兔多一对肋骨(一般为12对),腹部离地较高,骨骼粗大,体格健壮。

该兔早期生长发育快,仔兔初生重 75 克,40 天断奶重1.1～1.25 千克,90 日龄体重达 2.5～2.7 千克。成年兔体重5～6 千克,体长 50～60 厘米,胸围 30～35 厘米。母兔繁殖力强,每窝产仔 9～15 只,最高达 18 只,但母兔的母性和泌乳性能较差,仔兔的育成率低。性情粗野,抗病力强。

6. 垂耳兔

是一个大型肉用品种。因其头型类似公羊,故又称公羊兔。原产于北非,以后分布到法国、德国、英国、美国、比利时、荷兰等国。由于引入国的选育方式不同,目前主要有法系、英系和德系3 种,其中法系和德系在体型上较为接近。垂耳兔主要特点是耳大而下垂,两耳尖直线距离可达 60 厘米,耳最长者可达 70 厘米,耳宽 20 厘米。毛色有白、黑、棕、灰、黄等,以黄色者居多。头粗糙,眼较小,颈短,背腰宽,臀圆,骨粗,体质疏松肥大。

该兔早期生长发育快,仔兔初生重 80～100 克,90 天平均体重 2.5～2.75 千克。成年兔体重 5 千克以上,有的达 6～8 千克,少数可达 10～11 千克。皮松骨大,出肉率不高,肉质较差。母兔受胎率低,哺育力不强,每窝产仔 7～8 只。适应性和抗病性强,较耐粗饲,性情温顺,反应迟钝,不爱活动。

7. 哈尔滨大白兔

简称哈白兔,是一个大型肉用品种。由中国农业科学院哈尔滨兽医研究所从 1976 年起,用哈尔滨当地白兔和上海当地白兔做母本,以比利时兔、德国花巨兔、加利福尼亚兔和日本大耳兔为父本,杂交选育而成,1986 年 5 月通过全国家兔育种委员会的鉴定。

哈白兔被毛纯白而有光泽。体型较大,头部大小适中,耳大直立,眼大有神,呈红色。体质结实,结构匀称,四肢强健,肌肉丰满。

早期生长发育快,1 月龄平均日增重 22.43 克,2 月龄平均日增重 31.42 克,早期生长发育最高峰在 70 日龄,平均日增重 35.61 克,70 日龄以后,生长发育强度逐渐减弱,7~8 月龄的 30 天平均日增重仅 8.05 克,8~9 月龄 30 天平均日增重下降到 5.34 克。成年兔体重 6.3~6.6 千克,成年兔体长(57.95±3.27)厘米、胸围(39.04±2.79)厘米。饲料转化率为 1∶3.11。半净膛屠宰率为 57.6%,全净膛屠宰率为 53.5%。繁殖力强,一次配种受胎率为 71.23%,平均窝产仔数(10.5±2.02)只,每窝产活仔数 8.83~11.5 只,平均初生窝重(579.3±108.9)克,仔兔平均初生重(55.2±11.3)克,21 天泌乳力为(2 786.7±430.9)克,42 日龄窝重(6 443.4±1 032.5)克,断奶窝重 7 032 克,平均断奶个体重 1 082 克。适应性强,耐寒,耐粗饲。

8. 齐卡(ZIKA)肉兔配套系

齐卡肉兔专门化配套系是德国齐卡家兔基础育种兔公司(家兔育种专家 Zimmermann 博士和 L. Dempsher 教授),用 10 年的时间,于 20 世纪 80 年代初选育而成,是当今世界上最著名的肉兔配套系之一。我国在 1986 年由四川省畜牧科学研究院(原四川省农业科学院畜牧研究所)首次引进该配套系。

　　齐卡肉兔配套系由齐卡巨型白兔(G)、齐卡大型新西兰白兔(N)和齐卡白兔(Z)三个品系组成。其配套模式为:G系公兔与N系中产肉性能(日增重)特别优异的母兔杂交产生父母代公兔,Z系与N系中母性较好的母兔杂交产生父母代母兔,父母代公母兔交配生产商品代兔。

　　齐卡巨型白兔(G):为德国巨型兔,属大型品种。全身被毛浓密,纯白,毛长3.5厘米,红眼,两耳长大直立,3月龄耳长15厘米,耳宽8厘米,头粗壮,额宽,体躯长大丰满,背腰平直,3月龄体长45厘米。成年兔平均体重7千克左右。产肉性能特别优异。母兔年产3~4胎,每窝产仔6~10只,年育成仔兔30~40只。初生个体重70~80克,35天断奶重1 000克以上,90日龄重2.7~3.4千克,日增重35~40克。该兔耐粗饲,适应性较好。性成熟较晚,6~7.5月龄才能配种,夏季不孕期较长。

　　齐卡大型新西兰白兔(N):为新西兰白兔,属中型品种,分为两种类型,一类是在产肉性能(日增重)方面具有优势;另一类是在繁殖性及母性方面比较突出。全身被毛洁白,红眼,两耳短(长12厘米)而宽厚,直立,头短圆粗壮,体躯丰满,背腰平直,臀圆,呈典型的肉用砖块形。3月龄体长40厘米左右,胸围25厘米。成年兔平均体重5千克左右。初生个体重60克左右,35天断奶重700~800克,90日龄重2.3~2.6千克,日增重30克以上。母兔母性较好,年产胎次5~6窝,每窝产仔平均7~8只,最高者达15只。产肉性能好,屠宰净肉率82%以上,肉骨比5.6:1。

　　齐卡白兔(Z):为合成系,由数十个品种组合而成,不含新西兰白兔血缘,属小型品种。全身被毛纯白,红眼,两耳薄,直立,头清秀,体躯紧凑。成年兔平均体重 3.5～4.0 千克,90 日龄体重 2.1～2.4 千克,日增重 26 克以上。其最大特点为繁殖性能好,年产胎次多,平均每窝产仔 7～10 只,母兔年育成仔兔 50～60 只,幼兔成活率高。适应性好,耐粗饲,抗病力强。

齐卡商品兔:齐卡三系配套生产的商品兔,全身被毛纯白,90 日龄育肥重平均 2.53 千克,最高的达 3.4 千克,28～84 日龄饲料报酬为 3：1(在粗蛋白 18%、粗纤维 14%的营养水平下),日增重 32 克以上,净肉率 81%。

9. 艾哥(ELCO)肉兔配套系

我国又称布列塔尼亚兔,是由法国艾哥(ELCO)公司培育的大型白色肉兔配套系,该配套系具有较高的产肉性能和繁殖性能以及较强的适应性。该配套系由 4 个品系组成,即 GP111系、GP121 系、GP172 系和 GP122 系。其配套杂交模式为:GP111 系公兔与 GP121 系母兔杂交生产父母代公兔(E231),GP172 系公兔与 GP122 系母兔杂交生产父母代母兔(P292),父母代公母兔交配得到商品代兔(PF320)。

GP111 系兔:毛色为白化型或有色,我国引进的是白化型。性成熟期 26～28 周龄,成年体重 5.8 千克以上。70 日龄体重 2.5～2.7 千克,28～70 日龄饲料报酬 2.8：1。

GP121 系兔:毛色为白化型或有色,我国引进的是白化型。性成熟期(121±2)天,成年体重 5.0 千克以上。70 日龄体重 2.5～2.7 千克,28～70 日龄饲料报酬 3.0：1,每只母兔年可生产断奶仔兔 50 只。

GP172 系兔:毛色为白化型,性成熟期 22～24 周龄,成年体重 3.8～4.2 千克。公兔性情活泼,性欲旺盛,配种能力强。

GP122 系兔:性成熟期(113±2)天,成年体重 4.2～4.4 千克。母兔的繁殖能力强,每年可生产成活仔兔 80～90 只。

父母代公兔(E231):毛色为白色或有色,性成熟期 26～28 周龄,成年体重 5.5 千克以上,28～70 日龄日增重 42 克,饲料报酬 2.8∶1。

父母代母兔(E292):毛色白化型,性成熟期(117±2)天,成年体重 4.0～4.2 千克,窝产活仔 9.3～9.5 只,28 天断乳成活仔兔 8.8～9.0 只,出栏时窝成活 8.3～8.5 只,年可繁殖商品代仔兔 90～100 只。商品代兔(PB20)70 日龄体重 2.4～2.5 千克,饲料报酬(2.8～2.9)∶1。

10. 伊拉(HYLA)肉兔配套系

伊拉肉兔配套系是法国欧洲兔业公司用 9 个原始品种经不同杂交组合和选育试验,于 20 世纪 70 年代末选育而成。山东省安丘市绿洲兔业有限公司于 1996 年从法国首次将伊拉肉兔配套系引入我国。该配套系由 A、B、C 和 D 4 个品系组成,4 个品系各具特点。该配套系具有遗传性能稳定、生长发育快、饲料转化率高、抗病力强、产仔率高、出肉率高及肉质鲜嫩等特点。其配套模式为:A 品系公兔与 B 品系母兔杂交产生父母代公兔,C 品系公兔与 D 品系母兔杂交产生父母代母兔,父母代公母兔杂交产生商品代兔。在配套生产中,杂交优势明显。

A 品系:具有白色被毛,耳、鼻、四肢下端和尾部为黑色。成年公兔平均体重为 5.0 千克,成年母兔 4.7 千克。日增重 50 克,母兔平均窝产仔 8.35 只,配种受胎率 76%,断奶成活率为 89.69%,饲料报酬为 3:1。

B 品系:具有白色被毛,耳、鼻、四肢下端和尾部为黑色。成年公兔平均体重为 4.9 千克,成年母兔 4.3 千克。日增重 50克,母兔平均窝产仔 9.05 只,配种受胎率为 80%,断奶成活率为 89.04%,饲料报酬为 2.8:1。

C 品系:全身被毛为白色。成年公兔平均体重为 4.5 千克,成年母兔 4.3 千克。母兔平均窝产仔 8.99 只,配种受胎率为87%,断奶成活率为 88.07%。

D 品系:全身被毛为白色。成年公兔平均体重为 4.6 千克,成年母兔 4.5 千克。母兔平均窝产仔 9.33 只,配种受胎率为81%,断奶成活率为 91.92%。

商品代兔具有白色被毛,耳、鼻、四肢下端和尾部呈浅黑色。28 天断奶重 680 克,70 日龄体重达 2.52 千克,日增重 43 克,饲料报酬为(2.7~2.9):1。

11. 伊普吕(Hyplus)肉兔配套系

该配套系是由法国克里莫股份有限公司经过 20 多年的精心培育而成。伊普吕配套系是多品系杂交配套模式,共有 8 个专门化品系。我国山东省菏泽市颐中集团科技养殖基地于 1998 年 9 月从法国克里莫股份有限公司引 4 个系的祖代兔 2 000 只,分别作为父系的巨型系、标准系和黑眼睛系,以及作母系的标准系。据菏泽市牡丹区科协提供的资料,该兔在法国良好的饲养条件下,平均年产仔 8.7 胎,每胎平均产仔 9.2 只,成活率 95%,11 周龄体重 3.0~3.1 千克,屠宰率 57.5%~60%。经过几年饲养观察,在 3 个父系中,以巨型系表现最好,与母系配套,在一般农户饲养,年可繁殖 8 胎,每胎平均产仔 8.7 只,商品兔 11 周龄体重可达 2.75 千克。黑眼睛系表现最差,生长发育速度慢,抗病力也较差。

2005 年 11 月山东青岛康大集团公司从法国克里莫公司引进祖代 1 100 只,其中 4 个祖代父本和一个祖代母本。其主要组合情况如下。

标准白:由 PS19 母本与 PS39 父本杂交而成。母本白色略带黑色耳边,性成熟期 17 周龄,每胎平均产活仔 9.8～10.5 只,70 日龄体重 2.25～2.35 千克;父本白色略带黑色耳边,性成熟期 20 周龄,每胎平均产活仔 7.6～7.8 只,70 日龄体重 2.7～2.8 千克,屠宰率 58%～59%;商品代白色略带黑色耳边,70 日龄体重 2.45～2.50 千克,70 日龄屠宰率 57%～58%。

巨型白:由 PS19 母本和 PS59 父本杂交而成。父本白色,性成熟期 22 周龄,每胎产活仔 8～8.2 只,77 日龄体重 3～3.1 千克,屠宰率 59%～60%;商品代白色略带黑色耳边,77 日龄体重 2.8～2.9 千克,屠宰率 57%～58%。

标准黑眼:由 PS19 母本与 PS79 父本杂交而成。父本灰毛黑眼,性成熟期 20 周龄,每胎产活仔 7～7.5 只,70 日龄体重 2.45～2.55 千克,屠宰率 57.5%～58.5%。

巨型黑眼:由 PS19 母本与 PS119 父本杂交而成。父本麻色黑眼,性成熟期 22 周龄,每胎产仔 8～8.2 只,77 日龄体重 2.9～3.0 千克,屠宰率 59%～60%。

（二）肉兔优良品种的选择及引种注意事项

1. 肉兔优良品种的选择

兔肉是一种优质保健肉类，依据联合国粮农组织（FAO）公布的数据，兔肉的蛋白质含量达 24.25％，矿物质元素含量达1.52％。这两项指标在猪、牛、羊、马、骆驼、鹿、鸡、鸭中是含量最高的。兔肉中的脂肪含量仅为 1.91％，在这九畜中是最低的（见表 1-1），而且兔肉的脂肪品质好，胆固醇含量低，对中老年人的心血管系统的保健作用也就强。兔肉不仅蛋白质含量高，且蛋白质品质好，特别是赖氨酸、蛋氨酸等人体限制性氨基酸含量高，同时还含有丰富的维生素 B 族复合物、常量元素铁、磷、钾、钠和微量元素钴、锌、铜等。兔肉具有四高三低的特点，即高蛋白、高赖氨酸、高磷脂、高消化率和低脂肪、低胆固醇、低热量的特点。古人对兔肉的保健作用亦早有概括，传统中医认为，兔肉具有补脾胃、益气血的作用。凡久病体虚、瘦弱乏力、气怯食少、消渴者，皆可作为补益食疗佳肴，其营养价值位于家畜肉类之冠，具有特殊的保健作用。美国营养研究所所长和美国儿童研究所进行了联合调查，根据调查结果提出了一份"益智食单"，其中兔肉位居榜首。因此，兔肉又被称为美容肉、保健肉。随着广大消费者对兔肉营养价值的认识，兔肉的消费将愈来愈大。目前已呈现出愈是经济发展水平高的地区，兔肉的消费量亦愈大的趋势，如广东、福建、重庆、四川等省市，均为我国兔肉消费大省（市）。

表 1-1　各种畜禽肉的化学组成

名　称	含　量(%)					热量
	水分	蛋白质	脂肪	碳水化合物	灰分	(焦/千克)
牛肉	72.91	20.07	6.48	0.25	0.92	6 186.4
羊肉	75.17	16.35	7.98	0.31	1.19	5 893.8
肥猪肉	47.40	14.54	37.34		0.72	13 731.3
瘦猪肉	72.55	20.08	6.63	—	1.10	4 869.7
马肉	75.90	20.10	2.20	1.88	0.95	4 305.4
鹿肉	78.00	19.50	2.50		1.20	5 358.8
兔肉	73.47	24.25	1.91	0.16	1.52	4 890.6
鸡肉	71.80	19.50	7.80	0.42	0.96	6 353.6
鸭肉	71.24	23.73	2.65	2.33	1.19	5 099.6
骆驼肉	76.14	20.75	2.21	—	0.90	3 093.2

　　饲养肉兔独具投资少、见效快、成本低等诸多优势。近年来,我国的肉兔养殖业得到了迅速的发展,饲养肉兔的家庭养殖户也在逐年增多。家庭肉兔养殖场要想取得很好的经济效益,选择饲养的肉兔品种至关重要。因此,家庭肉兔养殖场要饲养优良的肉兔品种,如果养殖场达到一定的养殖规模,可以饲养优良的肉兔配套系。在实际肉兔生产中,仍有一些肉兔养殖户认为,只要是肉兔就一定是优良品种。一些肉兔养殖户不管是肉兔的杂交后代还是纯繁个体,有没有系谱档案;也不管有没有经过系统选育,或发育情况好坏,就认为都是肉兔品种,随意从一些肉兔养殖场或养殖户中购买回来饲养,其实这是不科学的。

肉兔品种是经过长期人工选择所培育而成的一种肉用兔,只有优良的肉兔品种和配套系,才能具有生长速度快、饲料报酬高,饲养周期短,也才能获得更高的效益。肉兔品种的好坏是相对的,只有适应性强,生产性能好,遗传性能稳定,种用价值高的肉兔品种,才是好品种;而没有经过选种选配,没有系谱档案,遗传性能不稳定,尽管它是肉兔所生的后代,但是也不能作为种用,如新西兰白兔与日本大耳兔交配,其后代的生产性能可能会超过新西兰白兔和日本大耳兔,但它是杂种,不能稳定遗传,也就不能作为种用,而只能作为商品肉兔进行饲养。

随着肉兔养殖业的发展,肉兔养殖场更加追求饲养肉兔的经济效益,因此,家庭肉兔养殖场所选择的肉兔必须早期生长速度快,饲料报酬高,屠宰性能好,这样带来的经济效益才会高。而市场上肉兔的质量差异很大,价格相差悬殊。优良的肉兔每只可能售价在百元以上或达到几百元,质量一般的肉兔价格只有几十元。有些肉兔养殖场(户)为了省钱,哪儿的肉兔便宜就到哪儿买,甚至到市场上购买没有耳号和任何谱系记录的商品肉兔做种,其结果是买回去的肉兔做种所繁殖的后代生长速度不快,饲料报酬不高,带来的经济效益不明显,甚至亏本。

因此,家庭肉兔养殖场在选择肉兔品种时,一定要选择纯种肉兔作为种用,在目前的市场情况下,最好选择白色的肉兔良种。只有优良的肉兔品种,才能繁殖出大量的优秀后代,从而提高饲养肉兔的经济效益。

2. 引种注意事项

正确引种是发展家庭肉兔养殖生产成败的关键,特别是刚开始准备饲养肉兔的农户,在引进肉兔良种时必须注意下列事项。

(1)引种准备:引种前必须要详细了解对方种兔场或专业户种兔的情况,如种兔来源、饲养规模、生产水平,系谱是否清楚,育种记录是否完整,是否发生过疫情,所提供的种兔月龄、体重、性别比例、价格等。严禁到疫区或饲养管理很差的兔场引种。一般大、中型种兔场的人员素质高,饲养设备好,经营管理规范,一般都有种畜禽经营许可证,所提供的种兔质量有保证,供种有信誉,在确定引种的种兔场时,最好选择大、中型种兔场。

引种之前,要进行兔舍、兔笼和器具的消毒,并放置15天以上才能放进种兔,如果兔场已经饲养了一些肉兔,所准备的兔舍要远离目前所饲养的兔舍,以便对引进种兔进行隔离饲养,防止疾病的传播。同时,准备充足的饲料、饲草和清洁的饮水以及常用药品等。

(2)引种季节:肉兔怕热,胆小怕惊,对运输应激反应较明显。最好在两地气候差异较小的季节进行引种,使引入品种能逐渐适应气候的变化。一般从寒冷地区向温热地区引种以秋季为好,而从温热地区向寒冷地区引种则以春末夏初为宜。夏季和冬季尽量不要去引种,特别是刚断奶的仔兔,由于饲养管理条件的突然改变,又受炎热或寒冷环境的刺激,极易遭受病害,甚至死亡,带来不必要的经济损失。同时要根据引进种兔的月龄、数量、性别比例、路程远近等安排好运输工具,准备好运输途中的需用物资等。

(3)引种个体:引种时要选择优良个体。因为在同一品种中,不同个体的生产性能也有明显的差别。在对个体的挑选时,应注意所选种兔要符合该品种特性、体质外形以及健康、生长发育良好，年龄不可过大，必须仔细鉴别每只种兔性别，检查生殖器发育是否正常，有无炎症。公兔阴茎要正常，阴囊不可过分松弛下垂；母兔奶头应在 4 对以上，饱满均匀。此外，还应特别注重对系谱的审查，每只种兔要有耳号，要求系谱档案齐全，注意亲代或同胞的生产性能的高低，有无遗传性疾病发生史，防止带入有害基因和遗传疾病。引进个体间不宜有亲缘关系。公兔最好来自不同品系（或家系）。从引种角度考虑，种兔年龄与生产性能、繁殖性能等均有密切关系，一般种兔的利用年限只有 3～4 年。因为青年兔可塑性大，对新的环境条件有较强的适应能力，引种成功率高，而且利用年限长、种用价值高，能获得较高的经济效益，因此在引种时最好引进健康、高产、适应性强的良种青年兔，引种时切忌选购老年兔、病兔、杂种兔和低产兔。如果运输路程短，以 3～4 月龄的青年兔为好，运输路程长以 8～10 月龄的成年兔为好。最好不要引进刚断奶的小兔，因为此时的小兔适应性和抗病力低，对运输的应激反应较大。

此外，引种时必须符合国家法规规定的检疫要求，认真检疫，办齐一切检疫手续和出场动物检疫合格证明。严禁进入疫区引种。

（4）引种数量：初养肉兔的农户或兔场，开始时引种数量不宜过多，以 4～5 组（每组公、母比例为 1∶（2～3））为宜，待有经验后再逐步扩大。但引种数量也不能太少，尤其是公兔不能太少，如果公兔只有 1～2 只，以后配种时容易造成近亲繁殖，品种容易退化，如商品肉兔生长速度慢、饲料报酬不高、产死胎和畸形胎儿、生长兔出现八字腿、牙齿错位、单睾或隐睾等。如果兔场已有一些肉兔,引种时,可以适当多引一些优秀的种公兔,以利于改良原有兔种,减少资金外流。

(5)途中饲养:运输工具可采用竹、纸箱或铁丝笼等,如用纸箱运输种兔,纸箱上要打一些小洞,以便通风透气。3月龄以上的公、母兔应分笼装运,避免早配。打架好斗的兔应及时调笼隔离。同时注意种兔装载密度,以能在运输途中方便观察喂养为原则。运输密度以平均每兔占有 0.05～0.08 平方米为宜。如无分隔设备,切忌密度过大。运输途中喂兔宜选用容易消化、含水分较少、适口性较好的青绿饲料,如野青草、青干草、胡萝卜茎叶等,切忌喂含水分较多的青菜、萝卜等,以免引起腹泻。精饲料可少喂或不喂,但要及时保证饮水供给。运输时间达 1 天以上的,要饲喂适量的饲料,以防掉膘。饲料应用原来兔场饲喂的饲料种类,且以青绿多汁饲料为主,精料为辅;应同时带运同批种兔到达目的地后能满足 2 周的饲料量,以保证饲料稳定和逐步转换当地饲料。

(6)引种后管理:引入的种兔到达目的地后,要及时分散,单笼饲养,同时要严格注意以下几点。

第一,要防止刚引入的种兔到达目的地后暴饮暴食,而引起胃肠道疾病。宜先供给饮水,稍后再喂草料,适量少喂,休息一段时间后再喂少量精料。由于受运输、环境条件改变等应激因素的影响,种兔消化机能会有所下降,因此,每天饲喂次数宜多不宜少,每次喂量宜少不宜多,一般每次喂 7～8 成饱。几天后增至正常喂量。开始喂的饲料最好从引种场购回,以后再逐渐更换为本场饲料。此外,还要给每只种兔建立档案,为以后选种选配提供依据。

　　第二，要根据当地的饲料条件和饲养习惯，逐渐改变饲料类型和操作日程，切忌突然改变，引起应激反应。

　　第三，种兔引进回来后，要随时观察引入种兔的健康状况，每天早晚应检查引进种兔的食欲、粪便和精神状态等各1次，因为新引进种兔一般在引回来1周后易暴发疾病，主要是消化系统和呼吸系统的疾病。一旦发现异常或病兔应及时隔离，加强护理和治疗。同时还要做好防鼠、防兽等工作。

二、肉兔的生物学特性

(一)生活习性

　　了解和掌握肉兔的生物学特性,以便在饲养管理时,可针对肉兔的这些生活习性,采取相应的饲养管理措施,提高肉兔的饲养水平,为肉兔的生产创造适宜的生活和环境条件,提高其生产效率,增加经济效益。

1. 夜行性

　　野生穴兔体格弱小,防御天敌的能力极差,根据"适者生存"的学说,长期在一定的生态条件下,使兔形成昼寝夜行的习性。这一习性就是夜行性,即白天伏于洞中,夜间四处活动和觅食。肉兔至今仍保留其祖先——野生穴兔的这种习性。因此,肉兔白天的表现较安静,除了吃草、吃料和喝水以外,经常闭目休息,而夜间十分活跃,采食频繁。晚上所吃的饲料和水占全部日粮和水的 3/5~3/4。根据这一习性,在肉兔的饲养管理上要做好合理安排,晚上要喂给充足的草、料和水,尤其在冬季夜长时更应如此。白天要尽量保持安静,让肉兔多休息和睡眠。

2. 嗜眠性

肉兔在一定的条件下很容易进入困倦或睡眠状态,在这种状态下,肉兔的痛觉降低或消失,这一特性称为嗜眠性。根据这一特性,可以给肉兔投药、注射或进行简单手术。给肉兔催眠的方法是,将肉兔腹部朝上,背部向下仰卧保定在"V"形架或其他适当的器具上,然后顺着毛纤维方向抚摸其胸腹部,同时按头部的太阳穴部位,肉兔很快进入睡眠状态,此时进行短时间的手术是非常顺利的,如肉兔在手术时苏醒,可按上述方法再行催眠,直到手术结束。手术完毕后,肉兔恢复正常站立姿势。

3. 胆小怕惊

肉兔是一种胆子非常小、抗敌能力很弱的动物,但其警惕性很高,它有一对听觉灵敏、活动自如、长而大的耳朵,一旦发现危险信号,能转动并竖起耳朵来收集来自各方的声响,迅速逃跑躲避。在家养情况下,突然来到的喧闹声、生人或陌生动物如猫、狗等都能导致兔的惊恐不安,以致在笼中奔跑和乱撞,并用后脚拍击笼底板而发出响声,这种响声会使整个兔舍或部分肉兔同样惊慌起来,会造成一定的影响。受到惊吓的肉兔,食欲下降、掉膘;发生笼底板竹条卡住兔腿而夹断腿骨;怀孕母兔发生流产;正在分娩的母兔停止产仔,有时会出现吃掉仔兔的现象;正在哺乳的母兔停止喂奶,有的带仔母兔会突然跳进产仔箱,造成踏死初生仔兔的现象。因此,家庭肉兔场应建在安静、噪声小的地方,兔舍要有防止狗、猫等动物进入的设施,如门、窗上安装铁丝网或纱窗等。在饲养管理中,动作要尽量轻稳,尽量避免发出容易使肉兔群受惊的声响,同时要防止生人和其他动物等进入兔舍,这对养好肉兔是十分重要的。

经过长时期的适应,肉兔也能承受一定程度的噪声,如颗粒饲料机工作声以及兔舍中电扇所发出的噪声等。

4. 喜清洁、爱干燥

肉兔喜爱清洁、干燥的生活环境,兔舍内相对湿度在60%～65%最适宜肉兔生活。同时,干燥、清洁的环境有利于肉兔的健康,而潮湿和肮脏的环境,容易引起肉兔患病,因为潮湿和污秽的环境有利于传染病病源和侵袭病原的孳生。家兔抵抗疾病的能力很有限,一旦患病,即使能够治愈,也会降低肉兔生长发育的速度和饲料报酬,从而造成一定损失;如果不能及时发现或治疗,其造成的损失会非常严重,严重的会导致肉兔死亡。根据这一习性,家庭肉兔养殖场一定要选地势高而干燥的地方建场,同时,在兔场设计和日常饲养管理工作中,要考虑为肉兔提供清洁、干燥的生活环境。实践证明,清洁、干燥的环境能保证肉兔的健康,特别是生长速度快、饲料报酬高的肉兔,对环境要求也高。

5. 群居性差、同性好斗

虽然肉兔的性情比较温顺,但群居性差,同性别的成兔经常发生争斗和咬伤的现象,特别是公兔群养或在新组合的肉兔群中,互相咬斗的情况更为严重,常常咬得遍体鳞伤;严重时公兔会因为争斗而致残、睾丸被咬掉,从而失去种用价值。这在饲养管理上要特别注意。在生产中,性成熟前的幼兔咬斗现象比较少,在商品生产中3月龄前的幼年兔可以群养,每群3～5只,以节省笼位,提高劳动生产效率。但3月龄后肉兔应根据性别、体型大小、强弱不同,及时分笼饲养,一方面防止撕咬争斗,另一方面可防止早配和乱配,更重要的是能够促进幼兔的生长发育。有关对比试验结果显示,分笼饲养与不分笼饲养的肉兔,在同等生长时间段内生长速度有着十分明显的差异。繁殖用的成年公、母兔应采用一兔一笼饲养。

6. 怕热不怕冷

由于肉兔全身被毛浓密,只有少量汗腺分布于嘴唇的周围,很难通过少量汗腺来调节体温,因此肉兔怕热不怕冷,最适宜肉兔生活的温度为15～25℃,长期超过32℃,生长、繁殖均受到影响。持续高温,还容易引起肉兔中暑,因此,在生产上一定要做好防暑降温工作。虽然肉兔耐寒能力比较强,但哺乳期的仔兔由于体温调节能力比较差,因此,在冬季一定要做好仔兔的防寒保暖工作。青年兔和成年兔在寒冷的冬季也必须做好保暖措施,否则肉兔的采食量会增加,体内的新陈代谢加强,来抵抗外界寒冷的气候,导致饲养成本增加,降低了经济效益。

7. 啮齿行为

肉兔有像老鼠一样啃咬东西的习惯,这一行为称为啮齿行为。因为肉兔的大门齿是恒齿,具有不断生长的特点,如果肉兔没有啮齿行为,一年内上门齿可长到10厘米,下门齿可长到12厘米。门齿的作用是切断食物,为保持上下门齿的吻合度,要依靠采食和啃咬硬物不断磨蚀来维持门齿的正常长度。因此,在设计肉兔笼时,应注意兔笼的坚固性和耐用性,少用木料,可以用铁丝、水泥板、毛竹、砖等做兔笼,笼内平整,尽量不留棱角,使肉兔无法啃咬,以延长兔笼的使用年限。另外,根据这一习性,有条件的养殖场,最好将粉质混合饲料加工成硬质颗粒饲料,这样可以使肉兔一边采食颗粒饲料,一边达到磨牙的目的。

8. 穴居性

肉兔仍然具有其祖先野生穴兔打洞的本能,只要不加人为的限制,一旦接触到土面就要掘土造洞,以隐藏自身并繁育后代。因此,在兔舍建筑和散放群养时,应注意防范肉兔打洞逃跑,避免其遭受敌害,否则由于选择建筑材料不合适,或者设计兔场考虑不周到,致使肉兔在兔舍内乱打洞穴,造成无法管理的被动局面。

(二)消化特性

1. 消化系统特性

肉兔是一种节粮型草食动物,以植物饲料为食,主要采食植物的根、茎、叶和种子等,肉兔的草食性与其消化系统有着密切的联系。肉兔的消化系统的特点有以下几个方面。

(1)豁嘴:即唇裂,也就是家兔的上唇分裂为两片,使门齿容易露出,便于从地面上采食和啃咬树皮等食物。

(2)双门齿:兔的门齿有6枚,上颌2对,下颌1对。这与啮齿动物不同,不仅是门齿数多了1对,即上颌除有1对大门齿外,还有1对小门齿,小门齿位于大门齿的后面,而且上下门齿能吻合在一起,左右磨合,更便于肉兔咬断饲草。

(3)臼齿面宽:臼齿面上还具有横嵴,便于磨碎植物性饲草。

(4)盲肠发达:肉兔的盲肠特别发达,长度接近于其体长,盲肠内有许多(25个左右)的皱襞,含有大量的微生物,这些微生物能分泌纤维素酶,分解纤维素,在脊柱动物中唯有兔子有"纤维素酶",盲肠能起到反刍动物瘤胃的作用,从而决定了它能有效地消化和吸收粗饲料中的粗纤维和粗蛋白质等物质。

(5)大肠和小肠的总长度约为体长的10倍:肉兔的小肠和大肠的总长度为其体长的10倍左右,相应地延长了食物在肠道中的移动时间,便于肠道对食物的充分消化和吸收,提高了肉兔对饲料的消化利用率。

(6)唾液腺发达:有耳下腺、颌下腺、眶下腺、舌下腺。眶下腺为兔子所特有。丰富的唾液便于肉兔湿润、咀嚼和吞咽食物,而且可使食物在口腔内与唾液充分混合进行初步消化。

(7)特异的淋巴球囊:在兔消化道中一个膨大、中空、壁厚的圆形球囊,称为淋巴球囊或圆小囊,为兔子所特有。淋巴球囊位于小肠的末端,开口于盲肠,它具有很发达的肌肉组织,囊壁含有丰富的淋巴滤泡。淋巴球囊具有机械作用、吸收作用和分泌作用三种功能。当经过回肠的食糜进入球囊时,球囊借助发达的肌肉组织加以压榨,经过消化后的最终产物大量地被淋巴滤泡吸收,淋巴球囊还不断分泌出碱性液体,以中和由于微生物生命活动而产生的有机酸,使大肠内保持有利于微生物繁殖的环境(碱性),从而有利于对纤维素的消化。

2. 消化特性

(1)草食性:肉兔口腔的解剖构造特点、具有容积较大的肠胃和极其发达的盲肠以及特殊的淋巴球囊,决定了肉兔属于草食动物。肉兔以植物为食物,主要采食植物的根、茎、叶和种子。肉兔对饲料有一定的选择性。在植物性饲草中,肉兔喜欢吃多叶性的饲草,如豆科牧草;多汁饲料中喜欢吃胡萝卜和萝卜等;在精料中,颗粒料与粉料比较,喜欢吃颗粒料,混合日粮以制颗粒饲料最适于喂兔。据试验证实,用同样成分的配合饲料,制成颗粒状和粉状的饲料分别喂生长兔,不论是兔的生长率还是饲料报酬,都是饲喂颗粒状的效果比饲喂粉状的要好。因此,有条件的兔场应压制颗粒料喂兔。动物性饲料对家兔虽然是有益的,但是它们并不喜欢吃,所以必须粉碎后均匀地拌在混合饲料中喂,以提高饲料的营养水平。

(2)有效利用低质高纤维饲料:一般认为,兔依靠盲肠中的微生物和淋巴球囊的协同作用,能有效地利用粗饲料中的粗纤维,但很多研究表明,兔对饲料中粗纤维的消化率并不高,与单胃动物马相比较,马对苜蓿干草粉和全株玉米颗粒饲料中的粗纤维的消化率分别为 34.7% 和 47.5% ,而兔分别为 16.2% 和 25.0% 。虽然肉兔对粗纤维的利用率较低,但粗纤维饲料具有快速通过消化道的特点,在这一过程中,粗纤维饲料中大部分非纤维成分被迅速消化、吸收,将不易消化吸收的纤维排出。但是粗饲料是维持肉兔胃肠机能必不可少的物质,肉兔对粗纤维具有双重性,如果日粮中粗纤维含量太低,如仅饲喂谷实类,2～3天后兔子会出现便秘现象,此时兔子会下蹲,不时看腹部,同时会使有害细菌大量繁殖,形成毒素,诱发魏氏梭菌病和其他消化道疾病。如果日粮中粗纤维含量过高,会造成营养缺少,影响到肉兔的生长发育和生产性能的发挥。因此,在配制肉兔日粮时,日粮中的粗纤维含量要适量,以保证消化道的正常输送和消化吸收。

(3)对粗饲料中蛋白质的消化率较高:与猪和家禽相比,肉兔能有效地利用饲草中的蛋白质。以苜蓿草粉中蛋白质的消化率为例,猪的消化率不到 50%,而兔能达到 75%,与马几乎相等;而对低质量的饲用玉米颗粒饲料中的粗蛋白质,消化率达 80.2%,远高于马(53.0%)。由此可见,兔不仅能有效地利用饲草中的蛋白质,而且对低质饲草中的蛋白质也有很强的消化利用能力。

(4)食粪性:肉兔具有吞食自己排出的部分粪便的习性,这种行为称为食粪性,又称为食粪癖或假反刍。与其他动物的食粪癖不同,肉兔食粪行为是完全正常的生理现象,对其本身具有重要的生理意义,也是肉兔能有效地利用粗饲料的秘诀之所在。通常肉兔排出的粪便有两种,一种是平时在兔舍内看到的硬的颗粒状粪球,在白天排出,它是硬粪;另一种是团状的软粪,在夜间排出,软粪一经排出便被兔子从肛门处吃掉,通常软粪几乎全都被肉兔本身吃掉,所以在一般情况下很少发现软粪的存在,只有当肉兔生病的情况下才停止采食软粪。肉兔不仅在夜间食粪,而且白天有时也吃粪。吃粪时不仅是吞食,还有似采食饲草一样的咀嚼动作。肉兔的软粪中含有丰富的营养物质,比硬粪中所含的粗蛋白和水溶性维生素多得多(见表 2-1)。肉兔通过吞食软粪,能从软粪中获得其所需要的部分 B 族维生素和蛋白质等。同时,由于食物多次通过消化道的结果,使一些营养物质得到进一步的消化和吸收。

表 2-1　家兔软粪与硬粪营养成分比较

成　分	软粪	硬粪
干物质(%)	31(25～49)	53(27～63)
粗蛋白质(%)	36.5(19～39)	18.4(8～25)
脂肪(%)	3.2(0.8～5.6)	4.0(0.6～5.8)
无机盐(%)	14.1(8～18)	14.3(6～19)
粗纤维(%)	27.6(12～36)	47.2(16～60)
无氮浸出物(%)	18.3(10～29)	16.8(8～35)
烟酸(微克/克)	136.8(110～157)	38.4(21～45)
核黄素(微克/克)	32.1(19～50)	9.2(3～12)
泛酸(微克/克)	54.3(28～72)	8.3(2～16)
维生素 B_{12}(微克/克)	2.8(0.9～4.3)	0.9(0.2～1.3)

　　(5)能耐受高钙日粮:肉兔对日粮中的钙、磷比例要求不像其他畜禽那样严格(2∶1),即使钙、磷比例高达 12∶1,也不会降低生长率,而且还能保持骨骼的灰分正常。这是因为当日粮中的含钙量增高时,血钙含量也会随之增高,而且能从尿中排出过量的钙。

　　试验表明,兔日粮中的含磷量不宜过高,只有钙、磷比例为1∶1 以下时,才能忍受高水平磷(1.5%),过量的磷由粪便排出体外,而且还会降低饲料的适口性,影响兔的采食量。另据报道,兔日粮中维生素 D_3 的含量不宜超过 1 250～3 250 国际单位

(IU),否则会引起肾、心血管、胃壁等的钙化,影响其生长和健康。

(6)肠壁渗透性:猪、牛、羊的肠壁的渗透性不及兔子,兔子尤以回肠明显,有利于营养物质的吸收。但幼兔吃了发霉变质或有毒的饲料,不到一天就出现腹泻,严重的中毒死亡。鱼粉容易发霉,兔子吃后,越健康的兔子中毒越厉害。因此,在饲养管理过程中,一定保证饲喂新鲜清洁的饲料和饲草。

(三)繁殖特性

了解肉兔的繁殖特性,才能很好地掌握其繁殖规律,搞好肉兔的繁殖工作,生产出更多的后代。肉兔具有如下繁殖特性。

1. 繁殖力强

肉兔是多胎动物,具有很强的繁殖力,不受季节的影响,常年均有发情并能配种繁殖。肉兔具有性成熟早、怀孕期短、窝产仔数多、年产窝数多和哺乳期短等特点。一般达到 5～6 月龄时,肉兔即可配种繁殖,1 只肉兔 1 年可产 4～6 胎,每胎平均产仔 6～8 只,每年可获得断奶仔兔 25～50 只,甚至更多,而且当年早期出生的仔兔,当年就能繁殖产仔,表现出很强的繁殖力。

2. 刺激性排卵

肉兔属刺激性排卵动物,在成年母兔的卵巢内经常有处于不同发育阶段的卵泡。成熟的卵泡在一定的刺激条件下,如公兔交配的刺激、母兔相互间爬跨或爬跨仔兔的刺激以及注射某种药物刺激时,均能诱导母兔排卵。母兔的排卵,在接受交配后10～12 小时发生。没有交配或其他刺激的母兔,成熟的卵子不会自动排出,而被自身卵巢所吸收。生产上可以采用性欲旺盛的公兔与母兔进行交配刺激的方法,使这些母兔怀孕。实践证明,在不进行交配刺激的情况下,给母兔注射激素后,再与公兔交配,或者采用人工授精的方法,可使母兔怀孕。掌握肉兔繁殖上的这一特性对生产极其有益,可以根据这种特性安排生产。

3. 双子宫

肉兔是双子宫的动物,左右两侧子宫不相通,两侧子宫的子宫颈共同开口于阴道,没有明显的子宫体,有利于分娩产仔,产程短。母兔成熟卵子受精后形成的合子,不会从一侧子宫角移至另一侧子宫角。因此,在人工授精时,输精器孔要位于左右子宫正中间。

4. 母兔假孕

母兔因相互爬跨、异常兴奋或与试情公兔交配排了卵子,但在没有受精的情况下,有时会出现母兔假孕现象,表现为母兔拒绝接受公兔配种,到假孕末期时,母兔会出现临产症状,如衔草做窝、拉腹毛营巢,乳腺发育并分泌少量乳汁。一般可持续16～18 天。假孕对母兔本身并不产生不良影响,但是由于假孕母兔不能发情和受胎,会影响到母兔的繁殖产仔,所以在生产中一旦发现假孕母兔,应及时处理(如注射前列腺素)。

（四）体温调节特性

肉兔是恒温动物，其正常体温一般保持在 38.5～39.5℃。温度对肉兔的生长发育、性成熟、繁殖及饲料利用率等方面都有影响。肉兔维持恒定的体温是通过体温调节系统，即依赖自身的产热和散热两个对立过程的动态平衡来实现。

由于肉兔是小体型动物，新陈代谢旺盛，其体内组织细胞的活动都会产生热量，其中肌肉、内脏和各种腺体所产生的热量最多，此外，饲料和饲草在消化道中发酵也能产生一些热量。由于肉兔全身被毛、汗腺不发达，对热的调节没有其他家畜那样完善，其散热主要是通过体表皮肤、呼出气体、排泄粪尿、吸入的冷空气和进入体内的饮水等来散失体内的热量。肉兔体热的调节决定于临界温度。临界温度是指肉兔身体的各种机能活动所产生的热量大致能维持正常体温时的气温。肉兔的临界温度为5～30℃。在临界温度时，肉兔的代谢率最低，热能的消耗最少，高于或低于临界温度都会增加肉兔的热能损耗。

当外界气温降低时，肉兔体内的营养物质代谢加强，采食量增加，从而提高体内的产热量，以达到体温平衡的目的。虽然肉兔是一种怕热不怕冷的动物，能耐受 0℃ 以下的生活环境，成年兔在东北严寒的条件下，能在敞开式兔舍内安全越冬，但是，冬季室外饲养的肉兔繁殖力下降，而且饲料消耗大大增加。高温对肉兔也是有害的，当外界气温升高时，肉兔血管内径扩张，血液流量增加，呼吸次数增加，以达到体内热量散失、维持体温恒定的目的。但是肉兔体表缺乏汗腺（仅分布于唇和腹股沟），兔体很厚的绒毛形成一层热的绝缘层,因此依靠皮肤散热就很困难,肉兔只有依靠增加呼吸次数,呼出气体、蒸发水分的方法来散热,所以呼吸散热就成为肉兔散热的主要途径。据测定,当外界温度由 20℃上升到 35℃时,呼吸次数由每分钟 42 次增加到 282 次。实践证明,当环境温度在 32℃以上时,对肉兔非常不利,会引起肉兔食欲下降、消化不良、生长发育迟缓、性欲降低和繁殖力下降等现象,所以,长江以南地区,7～8 月份肉兔基本处于停繁状态。长期处于 35℃以上条件下,肉兔常常会发生中暑而死亡。

在生产中要特别注意的是:初生仔兔全身无毛,体温调节机能不够完善,其体温随着环境温度的变化而变化,很不稳定。随着仔兔日龄的增加,其体温由不恒定到逐渐恒定。如将初生仔兔从产仔箱中取出,放在低温环境下,半小时内仔兔体温下降至 20℃左右甚至更低,所以,在寒冷的冬季,常常会造成仔兔的死亡。同样,炎热的气候对初生仔兔影响也很大,仔兔窝内温度过高,容易导致仔兔出汗,使窝内变得很潮湿,俗称"蒸窝",这样的仔兔也很难成活。

经测定,初生 10 天内仔兔的体温取决于环境温度,10 天以后才能达到恒定温度。仔兔 30 日龄时,毛被基本形成,对环境温度才有一定的适应能力。初生仔兔窝内最适宜温度为 30～32℃,而环境温度须在 25℃以上才能达到。因此,生产上为提高仔兔的成活率,应根据仔兔体温调节特点,为仔兔提供较高的环境温度,从而保证仔兔的正常生长发育和成活率。

肉兔最理想的温度是指在这样的温度条件下,能够最充分地发挥它的生产潜力,最有利于肉兔生长发育和繁殖等生产性能的发挥。对不同年龄阶段的肉兔来说,标准不同,成年兔最适宜的环境温度在 15～20℃,而断奶前后的幼兔则为 25～20℃。

(五)生长发育特点

仔兔刚出生时体表还没有长出毛,眼睛封闭,耳孔闭塞,各个系统的发育都很差,尤其是体温调节、运动和感觉的功能更差。但仔兔生后的生长发育速度很快,大约在第 4 天就开始长出绒毛,12 天左右开眼,并开始有视觉,3 周龄时出巢并开始吃饲料。出巢的早晚在某种程度上要取决于母乳的多少。在母兔奶水不足的情况下,仔兔往往提前出巢。

在母兔泌乳正常的情况下,仔兔的体重增长很快,1 周龄时的体重比初生时增加 1 倍。4 周龄时体重约为成年兔的 12%,到 8 周龄时体重可达成熟体重的 40%。

母兔的泌乳力和每窝仔兔数对仔兔早期的生长发育起主要作用。在哺乳期,泌乳量越多,仔兔的体重越大。同窝仔兔数少的,仔兔生长速度较快,个体体重大;同窝仔兔数多,则生长速度较慢,个体体重较小。因此,在生产上,应适度控制母兔哺乳的仔兔数,一般每只母兔哺乳的仔兔数为 5～6 只较好,这样仔兔断奶后的体重较大,以后的生长速度较快,断乳后的成活率相对较高。优良的肉兔品种不仅早期生长速度快,而且饲料报酬高,因此,在肉兔生产过程中,要利用早期生长速度快的特点,提供全价的饲料,实行快速育肥,缩短饲养周期,提高经济效益。如果生产上,错过早期生长速度快的时期,此后继续育肥,会降低经济效益。

　　不同品种的幼兔,它的生长速度有差异,一般来说,大多数品种的母兔比公兔的生长速度快些,8周以后的增重差异明显地表现出来。同一品种的兔,母兔的成年体重大于公兔。

三、怎样做好肉兔繁殖工作

繁殖是肉兔生产中的重要环节,了解肉兔的繁殖理论,掌握繁殖技术特点,可以明显提高繁殖母兔的年产仔数,对肉兔生产会起到重要作用。

(一)肉兔生殖生理

1. 性成熟期和初配年龄

初生仔兔生长发育到一定年龄,公兔睾丸和母兔卵巢中能分别产生出有受精能力的精子和卵子时,即称性成熟。肉兔的性成熟一般均早于体成熟,公、母肉兔达到性成熟后,虽然已能配种繁殖,但还没有达到体成熟,身体各部位器官仍处于生长发育阶段,过早配种繁殖不仅会影响公、母兔本身的生长发育,而且配种后母兔受胎率低,窝产仔数少,仔兔初生体重小,母兔乳汁少,仔兔成活率低,因此,在生产上一定要防止过早配种。根据肉兔的生长发育规律,在正常的饲养管理条件下,一般来说,小型品种的初配月龄为4~5月龄,中型品种以5~6月龄,大型品种以7~8月龄初配为宜。公兔的初配月龄一般应比同类型母兔大 1 个月左右。在生产中遇到种兔的月龄不清时,也可以体重达到该品种成年体重的 80％左右来决定初配时间。

2. 利用年限

肉兔的利用年限一般为 3～4 年。如果体质健壮、使用合理,配种产仔年限也可适当延长。但过于衰老、繁殖能力下降、所产仔兔体质较差者,要及时淘汰更新,以免影响兔群整体品质,对生产经营不利。

为防止公兔配种不匀,在自然交配时,每只公兔可固定轮流配母兔 8～10 只,一般公兔在每天早、晚可配种 2 次,连配 2 天后要休息 1 天,并要加强营养,饲喂含蛋白质比较丰富的饲料,以保证种公兔的健康。

3. 发情周期与发情表现

幼龄母兔发育到初情期之后,直至性功能衰退之前,在其卵巢中一次能成熟许多卵子,但是这些卵子只有在母兔经公兔交配刺激后隔 10～12 小时才能从卵巢中排出,这种现象叫刺激性排卵。如果不让母兔交配,则成熟的卵子经 10～16 天后,在雌激素与孕激素的协同作用下,会逐渐萎缩、退化,并被周围组织所吸收,此时新的卵子又开始成熟,这就是母兔的发情周期。一般母兔的发情周期为 8～15 天,持续期为 2～3 天。

与其他畜种所不同的是,在母兔的空怀期间,卵巢中经常有处于不同发育阶段的卵子,这些卵子在交配刺激或某些其他性刺激之后,其成熟的卵子即可在大脑性兴奋中枢和脑下垂体所分泌的促黄体生成素(LH)作用下,卵泡经过生化和生理的变化,经过 10～12 小时,便从卵泡中释放出来,并在每个卵泡破裂的地方形成黄体。

发情母兔的主要表现是兴奋不安,爱跑跳,脚爪刨地,顿足,食欲缺乏,采食量下降,常在料槽或其他用具上摩擦下颚。这种现象俗称"闹圈"。性欲旺盛的母兔还会主动向公兔调情,爬跨,甚至爬跨自己生的仔兔或其他母兔。当公兔追逐爬跨时,便伏卧在地,伸长体躯,抬高臀部,以迎合公兔的交配动作,愿意接受交配。

此外,还可以观察母兔外阴部黏膜的颜色,来判断母兔的发情。母兔发情时,阴部湿润,充血红肿,发情初期为粉红色,旺期为大红色,后期为黑紫色,俗称"粉红色早,黑紫色迟,老红色正当时",说明发情旺期的配种受胎率最高。因此,在生产上应及时做好发情检查,做到适时配种,不漏配,这是提高受胎率的保证。

4. 妊娠和妊娠检查

母兔经交配或人工授精,卵子和精子在输卵管前端靠近卵巢 1/3(输卵管壶腹部)处结合成为受精卵,在交配后 4～7 天胚胎进入子宫,逐渐发育成胎儿,这一系列复杂的生理过程就称为妊娠,俗称母兔怀孕。完成这一发育过程所需要的时间叫妊娠期。一般母兔的妊娠期为 30 天左右,肉兔妊娠期的长短受品种、年龄、个体营养状况、健康水平以及胎儿的数量、发育情况等因素的影响而有差异。如老年母兔妊娠期比青年母兔长;怀胎数量少时比数量多时长;营养和健康状况好的比营养差、体质瘦弱的长等。但是交配后是否就一定能够受精怀孕呢? 这是个十分复杂的过程,除精子、卵子本身必须具备其内在因素外,还必须有一定的外界条件。因为射出的精子并不能立即受精,只有经获能(精子在雌性生殖管道内相互作用而使精子发生了形态和生理上的变化,以增强其穿入卵子的能力,这段时间肉兔约需6小时)后才有受精能力。同样卵子在排卵后也要间隔一定的时间才能受精。要使精、卵子均处于有受精能力的最佳时期,这和交配时间有关,关键是交配要同排卵时间协调起来。精、卵子受精部位在输卵管壶腹部,如果排卵太早,卵子在到达这个部位时,精子尚未到,或者精子早已到了,但已衰老或死亡。未完成受精,卵子继续向后移动,卵子外面就会包裹着一层薄膜,以后就不能受精了。因此要求适时配种或授精,一般是在排卵刺激后2～5小时为宜。另外受精与输入的精子数量有关,一般来说,低浓度精液(输入的活精子数在 $5×10^5$ 个/毫升以下)的受精率很低。

母兔配种后及早了解母兔是否妊娠,对母兔的饲养管理、维护母兔健康、保证胎儿正常发育、防止流产、减少空怀,对提高繁殖力和生产性能都有重要意义。母兔的妊娠诊断方法有多种,常用的有复配法、称重法、摸胎法,近年来又有孕酮放射免疫法、超声波检查法和血小板诊断法,但后三种在生产当中尚未普及。

(1)复配法:又称试情法。在母兔配种后5～7天,将母兔放入公兔笼中进行复配,如果母兔接受交配,便认为该母兔没有怀孕;如果母兔已经妊娠,就会躲避、拒绝公兔的爬跨,并发出警惕性的"咕、咕"叫声,或卧地掩盖臀部,不让公兔接近,拒绝交配,便认为已经怀孕。这种方法检查的准确性不高,因为母兔交配后如果没有怀孕,5～7天也不一定发情,而且已经怀孕的母兔还有可能再接受交配。此外复配法也比较危险,因为大多数怀孕的母兔与公兔接触时,不愿意再与公兔交配,容易发生咬斗现象,严重时会引起母兔流产。

(2)外部观察法:母兔妊娠后会有较明显的变化,阴道黏膜苍白、干涩,食欲增强,采食量增加。在配种15天后,妊娠母兔体重明显增加,腹部逐渐增大;散养的母兔开始打洞,做产仔准备。

(3)称重法:在母兔配种前和配种后10天左右分别称重,看两次体重的差异。如果配种后重量超过配种前重量,则认为母兔已经怀孕;如果没有超过,则认为没有怀孕。这种方法的准确性比较差,而且不科学,因为10天左右的胚胎还很小,只有为1～2克,7～8个胚胎加起来的重量也不过20克左右。

(4)摸胎法:在母兔配种后10天左右,用手轻触母兔腹部,判断是否受孕,称为摸胎检查法。该方法操作简单,准确率高,是一种容易掌握、生产上应用最多的妊娠诊断方法。摸胎的具体方法是:在配种后10天左右,检查者的一只手握住母兔的耳朵和颈后皮肤,固定在桌面或平地上,使兔头朝向检查者胸部,另一只手大拇指与其他四指分开,呈"八"字形伸入母兔两后肢中间,从大腿内侧后小腹部开始,向前轻轻探摸腹腔内左右侧子宫的变化,如整个腹部柔软如棉花状,则没有怀孕;如摸到有像花生米样大小、能滑动的球状物,说明该母兔已经怀孕。怀孕12天时,胚胎似樱桃;怀孕13～14天时,胚胎状似杏核;到15天左右再触摸时,可摸到像鸡蛋黄大小而有弹性的胎胞;20天以后再摸时,便可摸到长形的胎儿,并有胎动的感觉。

初学者易把7～10天的胚胞与粪球相混淆,其实两者有明显的区别。兔的粪球虽呈圆形，但多为扁椭圆形，指压时没有弹性，不光滑，分布面积较大，不规则，并与直肠宿粪相接。而胎胞的位置比较固定，呈圆球形，而且多数均匀地排列在腹部后侧两旁，指压时光滑而有强弹性，与直肠宿粪球无关。当然妊娠时间愈长，胎胞与粪球的区别愈明显。超过 15 天以上者，腹围增大，外观明显。

此外，摸胎时动作要轻，如果动作粗猛，用力较大时，容易捏破胎胞，造成流产现象。

5. 分娩

胎儿在母体内发育成熟之后，由母体排出体外的生理变化过程，叫分娩。这是由于怀孕母兔在胎儿迅速增长期，子宫不断膨大，促使子宫肌对雌激素和催产素的敏感性增强。子宫肌的节律性收缩，使怀孕母兔产生分娩动作等一系列生理现象，直至把胎儿排出体外。大多数母兔在临产前 3～5 天，乳房开始肿胀，并可挤出少量乳汁。外阴部肿胀充血，黏膜潮红湿润，食欲减退。临产前 1～2 天，开始衔草、拉毛做窝，用嘴拉下自身胸腹部的毛，铺垫于产仔箱内。

对不会拉毛或不拉毛的母兔，需要在产前或产后人工拉毛。帮助母兔拉毛后，一方面可以刺激母兔乳腺分泌乳汁，另一方面便于仔兔出生后容易找到奶头吃奶。一般不拉毛的母兔多为初产母兔，饲养员可代为铺草、拉毛做窝，以启发母兔营巢做窝的本能。

母兔分娩时大多数呈犬卧姿势，一边产仔一边咬断仔兔脐带，吃掉胎衣，舔干仔兔身上的血迹和黏液，分娩即告结束。母兔的分娩时间比较短促,一般每产完一窝仔兔,只需 20～30 分钟。在生产实践中,也有个别母兔在生下第一批仔兔后间隔数小时再生第二批仔兔,因此,当母兔生完第一批仔兔后应及时检查母兔腹部,判别是否还有胎儿,以免发生不测。分娩结束后,母兔跳出巢箱找水喝,此时应事先准备好水,让母兔喝足水,以防止母兔因口渴一时找不到水喝而跑回窝内吃掉刚生下来的仔兔。

6. 哺乳和断奶

仔兔出生后前 15 天完全靠吸母兔的乳生活,而母兔每天哺乳 1～2 次,时间也很短,每次仅 2～4 分钟。哺乳之后,将母仔分开,这样既有利于母仔的休息,又能使仔兔在第二次吮乳时有饥饿感,提高哺乳质量。中型品种的哺乳母兔,一般在分娩后 20 天左右产奶量最高,日产奶量可达 200～300 克,到 28 天后产奶量显著下降。产奶量高低与母兔饲养水平关系很大,营养好的,泌乳高峰期就长些。哺乳期一般 40 天左右,如果饲养管理水平高,仔兔生长发育快的,也可缩短哺乳期。断奶时间,应根据仔兔生长发育情况决定。国外在良好的饲养管理条件下,通常 25～28 天就断奶,因为延长哺乳期会影响母兔的体质。但不要突然断奶,最好在断奶前 1 周就将母、仔兔隔开饲养,只在喂奶时合在一起。断奶的方式是把母兔从原笼内取出,仔兔留在原来的笼内再饲养几天,然后分开,这样不至于突然改变仔兔的生活环境条件,对其生长发育有利。

(二)肉兔的繁殖技术

肉兔的配种方法包括自由交配、人工辅助交配和人工授精3种。

1. 自由配种

就是公母兔混养在一起，任其自由配种，这是一种原始落后的配种方法，只有散养方式的饲养户才采用此种方法配种。自由交配容易发生早配、早孕，公兔追逐母兔次数多，体力消耗过大，配种次数过多，精液质量差，易早衰；无法进行选种选配，容易传播疾病等。所以，在实际生产中都不提倡采用此法。

2. 人工辅助交配

人工辅助配种就是将公母兔分群、分笼饲养，在母兔发情时，根据配种计划，将母兔捉入公兔笼内配种。与自由交配法相比，其优点在于：能有计划地进行选种选配，避免近亲交配和乱配；能合理安排公兔的配种次数，延长种兔的使用年限；能有效防止疾病传播。一般的养兔场(户)多采用这种科学的配种方法。

人工辅助交配的具体操作步骤为：将经检查、适宜配种的母兔，轻轻捉入公兔笼内。公兔即爬跨母兔，若母兔正处发情中期，则先逃避几步，随即伏卧任公兔爬跨、搂抱，随后抬尾迎合公兔的交配。当公兔阴茎插入母兔阴道射精后，公兔后肢也同时离地，后躯卷缩，紧贴于母兔后躯上，并发出"咕咕"的叫声，随即由母兔身上滑倒，顿足，并无意再爬，则表示交配完成。此时，即可将母兔捉出,将其臀部提高,在后躯部用手轻轻拍击,以防进入母兔阴道的精液倒流。然后将母兔送回原笼,做好配种记录工作。如果母兔发情不接受交配,但又应该配种时,可以采取强制辅助配种。即操作人员用一手抓住母兔耳朵和颈皮固定母兔,另一只手伸向母兔腹下,举起臀部,以示指和中指固定尾巴,露出阴门,让公兔爬跨交配。

3. 人工授精

就是不用公兔直接交配,而是采取公兔的精液,再用输精管把精液输入到母兔子宫内,使母兔达到怀胎的目的。

兔采用人工授精的最大优点在于:首先,能充分利用优良公兔,从而加快遗传进展,提高兔群质量,迅速推广良种。在自然交配情况下,一只公兔一次只能配一只母兔,而采用人工授精,一只公兔一次采精量稀释后,一般可输给几只母兔,最多甚至可配 20 只母兔以上。这样就可以充分利用优秀的公兔而减少一般平庸公兔的饲养量,降低饲养成本。

其次,人工授精可以减少疾病的传播。因为人工授精可以避免公、母兔直接接触,减少生殖道疾病传播的机会。

最后,人工授精可克服某些繁殖障碍,如生殖道的某些异常或公母兔体型差异过大等,从而有利于繁殖力的提高,便于集约化生产的管理。在大型兔场或养兔户比较集中的地区,均可采用人工授精法,这是目前养兔业中最经济、最科学的配种方法。

人工授精的具体步骤是:

(1)采精:利用塑料、橡胶或竹筒制成假阴道,外筒长约 10 厘米,内径 3 厘米。内胎用薄膜或避孕套代替。采精温度靠加温水(50～55℃)来调节,一般假阴道内的温度保持在 39～40℃。采精时的压力,一方面是水压,另一方面是吹气(见图 3-1)。假阴道内倒一点灭菌生理盐水(或温开水),就可以达到假阴道润滑的作用。诱发公兔射精可用发情母兔,也可用一张兔皮蒙在采精者的手臂上。

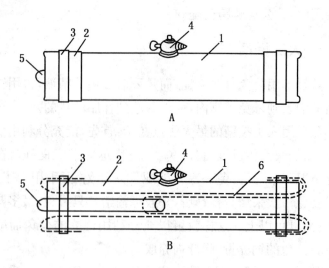

图 3-1 假阴道结构图

A. 外形　B. 侧剖面

1. 外壳　2. 假阴道内膜　3. 橡皮圈　4. 活塞(在此处加水和吹气)

5. 集精管　6. 用于连接集精管的乳胶管

采精时,将发情母兔放入公兔笼中,操作者一只手固定母兔,另一只手握住假阴道,并放在母兔两后肢之间,公兔爬跨母兔交配时,将假阴道口对准公兔阴茎伸出的方向,当公兔阴茎一旦插入温度、压力适宜而且润滑的假阴道口时,前后抽动数秒钟,即向前一挺,后肢蜷缩,向一侧倒下,并发出"咕咕"的声音,这就是射精的表现。随即放开母兔,将假阴道竖直,放气减压,使精液流入集精管中,取下集精管,塞上消毒的瓶塞,进行精液的显微镜检查或稀释处理等。

一般情况下,健康的公兔每天采精的次数不宜超过 2 次,连续采精 2 天,应休息 1 天。采精次数过多时,精子密度小,精液品质下降,会影响受胎效果。

(2)精液检查:精液品质检查时,应在 18～25℃的室温环境中进行为宜,并在采精后立即进行。

①肉眼检查:a. 测定精液量:公兔每次射精量一般为 0.5～1.5 毫升。b. 检查精液的色泽和气味:正常精液呈乳白色,无臭味,若精液呈云雾状,说明精子活力好。如有其他颜色和气味,表明精液异常,不能作输精用。c. 精液酸碱度(pH):用精密 pH 试纸测定,正常精液接近中性,pH 为 6.6～7.5。

②显微镜检查:一般在 200～400 倍显微镜下,观察精子活力、密度和畸形率。

精子活力:精子活力的强弱,是影响母兔受胎率及产仔量的重要因素。通常采用"十级制"计分法,在显微镜视野中呈直线运动精子达 100%,则评为"1.0"级,90% 为"0.9"级,80% 为"0.8"级,依次类推,全部死亡为"0"级。在生产中,一般要求精子活力在"0.6"级以上,方可用作输精用。

精子密度:现普遍采用估测法来评定公兔的精子密度。估测法是直接观察显微镜视野中精子稠密的程度。稠密的精子布满整个视野;中等密度的精子在视野中精子之间有一定的空隙;稀薄的精子在视野中零星分布。

精子形态检查:正常精子具有一个圆形或卵圆形的头部和一条细长的尾巴。畸形精子主要有双头双尾、大头小尾、有头无尾、有尾无头或尾部卷曲等。在正常精液中,畸形精子数不应超过 14%～18%,如果超过 20%,表示精液品质不良,会影响受精力。

(3)精液稀释:精液稀释的目的是扩大精液量,增加输精的母兔数,同时供给精子营养,便于保存、运输和延长精子在体外的存活时间。公兔每毫升精液中含精子数约为 2 亿个。稀释倍数为 3～5 倍,保持每毫升精液中约有 1 000 万个活力旺盛的精子。常用的稀释液主要有:

①生理盐水稀释液:精制氯化钠 0.9 克,加蒸馏水至 100 毫升,溶解后,煮沸消毒 10 分钟。待冷却至室温时稀释精液,稀释后的精液应立即输精,不宜作精液保存用。也可以用生理盐水注射液直接进行精液稀释。

②7% 的葡萄糖稀释液:精制葡萄糖 7 克,加蒸馏水至 100 毫升,溶解、过滤、消毒灭菌,冷却后加入适量抗生素。可用于精液稀释后短期保存。也可以用葡萄糖注射液直接进行精液稀释。

③11% 的蔗糖稀释液:蔗糖 11 克,加蒸馏水至 100 毫升,溶解、过滤、消毒灭菌,冷却后加入适量抗生素。可用于精液稀释后短期保存。

④葡萄糖柠檬酸钠卵黄稀释液:精制葡萄糖 4.54 克,柠檬酸钠 0.38 克,加蒸馏水至 100 毫升,溶解、消毒冷却后加入 5% 的新鲜卵黄,再加入青霉素、链霉素各 10 万单位。保存精子活力时间较长。

⑤11% 的蔗糖卵黄稀释液:蔗糖 11 克,加蒸馏水至 100 毫

升,溶解、消毒冷却后加入 5%的新鲜卵黄,再加入青霉素、链霉素各 10 万单位。保存精子活力时间较长。

精液稀释时,根据精液中精子的活力和密度,决定稀释倍数。一般用事先准备好的等温(25～30℃)、pH 为 6.6～7.5 的稀释液进行稀释处理,稀释时将一定量的稀释液沿杯壁缓慢注入精液中,边倒边轻轻摇匀。稀释时严防温差过大或环境骤变或稀释速度过快等不良因素对精子活力的影响,以免降低精液品质。

(4)输精:母兔排卵属刺激性排卵,在输精前即可先用结扎输精管的健康公兔交配,然后在 2～8 小时以内输精。也可以在输精前注射激素来代替公兔的交配刺激,目前多采用肌内注射促排卵素 3 号 5 微克/只,在注射促排卵素 3 号后 0.5～1 小时内输精。此外,也可使用黄体生成素(LH)或绒毛膜促性腺激素(HCG)。常用的输精工具为特制的兔用输精器或由普通注射器和硬质胶管组成(见图 3-2)。输精成功的关键是输精部位要准确,由于母兔膀胱在阴道 5～6 厘米深处的腹面开口,大小与阴道腔孔径相当,而且在阴道下面与阴道平行,在输精时,极易将精液输入膀胱,过深又易将精液输入一侧子宫,造成另一侧子宫空怀。所以在输精时,先用生理盐水将母兔阴部周围擦干净,输精管朝向阴道壁的背面插入阴道 6～7 厘米,待越过尿道口后,将输精液输入两子宫颈口附近,使其流入子宫。每次输精量为 0.3～0.5 毫升,输精结束后,输精管要慢慢地从阴道中拔出,以防止精液外流。如有可能,最好每输一次精液,调换一次输精器。

在整个人工授精操作过程中,要严格遵守消毒制度,否则会直接影响精子的存活力和受精力,而且会造成生殖道疾病的传播,影响母兔以后的繁殖能力。输精管要在吸取精液之前,先用35~38℃的稀释液冲洗2~3次,再吸取定量的精液输精。

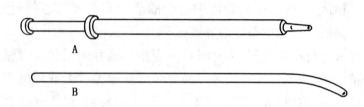

图 3-2 输精器

A. 注射器　B. 输精管

肉兔人工授精成败的关键,首先,要有品质良好的精液,而品质良好的精液的获得,除了公兔的选择和良好的饲养管理外,还在于严格的消毒和精液的合理稀释与保存。如果消毒不严格,会使精子受到不应有的杀害,或者造成母兔生殖道感染疾患。所以,整个人工授精过程各环节都必须严格消毒,而且最好采用物理消毒法,如煮沸、蒸汽、干燥和紫外线消毒等。若用化学药物如酒精等消毒时,一定要待其挥发后再用生理盐水反复冲洗,否则精子将遭杀害。其次,要刺激母兔排卵。因为母兔为刺激性排卵动物,发情后不经交配或药物刺激是不会排卵的,因此,在输精前必须刺激母兔排卵。此外,输精部位要准确。

(三)影响肉兔繁殖力的因素

肉兔的繁殖能力受到遗传、季节、配种年龄、营养水平、饲养管理等因素的影响。

1. 遗传的影响

母兔的产仔数、母性以及哺乳性能等繁殖力均受到遗传因素的影响。据报道,繁殖力的遗传力为 0.21～0.30,属于中等遗传力性状,如德国花巨兔繁殖力高于新西兰白兔,但德国花巨兔的母性差,仔兔成活率低。公兔的精液品质和受精能力与遗传也有密切的关系,在一个兔群中往往有少数公兔的精液品质差、受精力低,这些公兔即使同繁殖力很高的母兔配种,也不会得到良好的效果。因此,在肉兔生产中一定要挑选繁殖力强的个体留作种用,严格淘汰精液品质差、受精能力低的公兔和产仔数低、母性差、泌乳量少的母兔,以及有遗传缺陷的个体。

2. 季节的影响

肉兔在人类长期驯养下,已经失去其野生祖先季节性繁殖的特性。但肉兔的交配和受胎,仍较多地发生在一年中的某些时间。一般 3～5 月份受胎率最高,8～9 月份受胎率最低。季节影响包含了光照、营养和气温三种因素,其中尤其是气温条件往往有直接的影响。气温对公兔的性欲、射精量和精液品质影响较大,因为 8 月份气温最高,外界温度的升高往往会超过睾丸自身调节温度的范围,致使睾丸温度上升,造成公兔精液品质急剧下降。

据研究,气温超过 30℃或低于 5℃,都不利于肉兔的繁殖,其适宜的繁殖温度是 15～25℃。

3. 年龄的影响

通常肉兔从初配到 3 岁时,繁殖力由低到高,而 3 岁以上的老年兔繁殖力又趋于下降。因为老年兔的性腺功能均下降,导致老年公兔精液量下降、精液品质差,老年母兔受胎率降低。不同年龄公、母兔交配后的受胎率和死胎率也不同,由老年亲本所生的母兔与老年公兔配种,死胎率可高达 30%;老年公兔与青年或壮年母兔交配的受胎率要低于用 2 岁公兔配种的受胎率。

4. 营养的影响

一般营养不足会延迟青年母兔的性成熟,抑制成年母兔的发情,使排卵率降低,乳腺发育迟缓,甚至会增加早期胚胎的死亡率和初生仔兔的死亡率。青年公兔在低水平的营养条件下,由于睾丸内分泌活动受到抑制,致使生殖器官生长和分泌功能缓慢,出现性机能发育缓慢,推迟初情期。

通常能维持正常生理要求的营养水平就足以维持正常的繁殖力。低于或高于这个水平,都会影响繁殖力。营养水平太高,容易造成公、母兔过肥,公兔则射精量和精液品质下降,性欲降低;母兔则影响卵泡的发育和降低排卵率,并导致胚胎死亡率升高。一般来说,因营养造成的繁殖机能障碍,多数情况下是可逆的,只要改善饲养条件,繁殖机能即可逐步得到改善。

5. 配种时间的影响

假如精子和卵子都正常,则影响繁殖力的主要因素是配种时间是否适时,也就是排卵时,是否有足够的精子已经到达受精部位(输卵管壶腹部)与卵子相遇。卵子排出后若不能及时与精子相遇来完成受精过程,则随着时间的延长,衰老过程的加深,其受精能力会逐渐减弱,最后丧失受精能力。在这种情况下,某些衰老的卵子即使能与精子受精,也往往会影响早期胚胎的生活力或者使异常受精现象增多。

精子的衰老也是影响繁殖力的因素之一。特别是随着人工授精技术的普及,尤其要注意这一问题。一般而言,除超低温保存外,无论采用哪种精液处理和保存方法,都会随着保存时间的延长而使受精能力降低或更易造成胚胎死亡。

6. 管理的影响

肉兔对不良环境的影响有一定的适应能力,但当对外界环境的应变能力超过其耐受范围时,生理过程中就会出现程度不同的障碍,这种因环境变化而出现的生理反应,称为“应激”。如捕捉怀孕母兔时动作粗暴,将母兔跌落在地上;喂药打针、不正常的摸胎或者是突然惊吓使神经受到刺激;或者是过冷过热的刺激,都能引起怀孕母兔的流产。

肉兔的繁殖受人为的影响很大,尤其是饲养管理条件、配种制度、兔舍卫生等,都与肉兔的繁殖力有着密切的关系。如在饲养管理不良的条件下,不仅繁殖力明显下降,还会造成品种退化、母兔不育、公兔性欲和精液品质下降。人工授精操作不当,常引起性行为障碍等。

(四)提高肉兔繁殖力的技术措施

提高肉兔的繁殖能力,首先应该做到保证肉兔的正常繁殖力,进而研究和采用更先进的繁殖技术,进一步发挥肉兔的繁殖潜力,从而提高肉兔养殖的经济效益。提高肉兔繁殖力的技术措施主要有以下几点。

1. 注意选种

在肉兔生产中,应根据种兔的繁殖记录,选用繁殖力高的公、母兔进行繁殖。选择种公兔时,应选择体重大、发育匀称、性欲强、睾丸大而对称、精液品质好和受胎率高的健康公兔。选择种母兔时,要求种母兔健康无病、性欲旺盛、母性好、生殖器官发育良好、乳头在 4 对以上。留种仔兔最好从优良母兔的 3~5 胎中选留。产仔少、受胎率低、母性差、泌乳性能不好的母兔,不能用于配种繁殖。肉兔一般最适宜的繁殖年龄是 1~3 岁,3 岁以上除个别优秀种兔外,不宜再作种用。通过选种,可在一定程度上提高和改进肉兔的繁殖力。

2. 合理的饲养管理

根据肉兔的行为特性、生活习性和繁殖特点,建立良好的饲养管理制度,改善种兔的营养状况和生活环境,是获得正常繁殖力的重要条件之一。

合理的饲养管理,主要是改善种兔生长发育、交配、哺育仔兔的各种要求和条件。满足种兔繁殖所需要的能量、蛋白质、维生素和矿物质,是十分必要的。必须注意配种前后的饲养管理,要供给全价日粮,满足种兔的营养需要,以减少胚胎死亡和流产,提高种兔繁殖力。长期饲喂单一饲料或缺乏某些营养物质,会降低种兔的繁殖力。营养过度会导致种母兔过肥,也会降低其繁殖力。因营养引起的繁殖损害是可逆的,只要经合理的饲养,维持母兔的种用体况,大多可恢复正常的繁殖机能。在影响肉兔繁殖力的众多因素中,气温的高低可能是一个重要因素之一,气温超过 30℃ 或低于 5℃,都不利于肉兔的繁殖,温度控制在适宜范围(15～25℃),是提高肉兔繁殖力的重要措施。做好兔舍的清洁卫生,预防疾病,尤其是防止与生殖直接有关的疾病,都有助于提高肉兔的繁殖力。公兔的配种(或采精)次数过高,会使精液品质下降,并易引起公兔早衰,对受胎率也有较大的影响,但长期不配种也会影响精液质量。壮年公兔一天可配种 1～2 次,青年公兔一天配种 1 次,连续 2 天后要休息 1 天。母兔的繁殖频率,要根据具体情况而定。母兔繁殖频率越高,繁殖仔兔越多,但如果没有较高的营养水平,容易使母兔体重明显下降,导致仔兔生长不良。在自然哺乳条件下,母兔每年以繁殖 4～5 胎为宜。在有保姆兔代养或人工哺乳条件下,每年可繁殖 6～7 胎。

3. 适时配种

　　根据兔舍和当地气候条件,安排好配种季节与交配时间。一般以春、秋两季母兔的受胎率最高,产仔数最多。最佳的配种时间是发情的中后期,此时母兔阴户湿润、肿大,多呈潮红色,交配容易怀孕。过早、过晚配种效果都不理想。配种当天也有一个适时问题,夏季早、晚配种较好,冬季则中午配种为宜。

4. 重复配种和双重配种

正确应用繁殖方法和繁殖新技术,是提高肉兔繁殖力的重要手段之一。各养兔场可以根据具体情况,采用适宜的繁殖方法。

(1)重复配种:一般情况下,只要母兔发情正常,公兔精液品质优良,交配一次就可受孕。但为了确保怀孕避免发生假孕,可以采用重复配种方法,即在第一次交配后5～6小时,再用同一只公兔交配一次。母兔空怀的原因,往往是配种后精子在到达受精部位时就已经死亡或活力降低而失去受精能力。尤其是久不配种的公兔,精液中衰老和死亡精子数较多,只配一次可能会引起不孕和假孕。采用重复配种,第一次交配的目的是刺激母兔排卵,第二次交配的目的是正式受孕,可提高母兔受胎率和产仔数。

(2)双重配种:一只母兔连续与2只不同血缘关系的公兔交配,中间相隔时间不超过20～30分钟。据研究,卵子在受精过程中具有一定的选择性,采用双重配种之后,由于不同精子的相互竞争,可增加卵子的选择性,提高母兔的受胎率,仔兔生活力强,成活率高。但双重配种只适用于商品肉兔的生产,不宜用作种兔生产,以防止混淆血统。

采用人工授精繁殖新技术,大大提高了优良种公兔的繁殖效率,可以使兔群中大部分母兔在大体相同的时间内配种、产仔,便于对妊娠母兔、哺乳期母兔的饲养与照料。但在人工授精操作过程中,采精、精液稀释、保存、输精不当,都会降低受胎率和造成生殖器官疾病。

对不发情和不接受交配的母兔,一方面可以注射孕马血清、绒毛膜促性腺激素、促黄体生成素、促排卵素 3 号等激素,促进发情;另一方面采用诱情法,即增加母兔与公兔的接触次数,每天将母兔放进公兔笼中,通过追逐、爬跨等刺激后,再将母兔送回原笼,经过 2～3 次后能诱发母兔性激素分泌,提高受胎率。

5. 防止流产和减少胎儿死亡

引起母兔流产的因素很多,如过多的捕捉、不正确的摸胎、噪音、惊吓、疾病、用药不当、营养缺乏或不足、饲喂霉烂变质的饲料等。发现母兔流产后,一定要找出原因并加以排除。对流产母兔加强护理,防止发生子宫炎症而造成不孕。若发现该母兔属于经常性流产,需及时淘汰。引起胎儿死亡的因素很多,不但与生殖细胞和生殖器官的正常生理机能有关,也与影响早期胚胎的附植因素和生殖器官的疾病有着密切的关系。

母兔在妊娠期内,胚胎和胎儿死亡的几率很大。胚胎死亡多发生于配种后的第 10～13 天。一般认为,胎儿生前死亡,与母兔的遗传特性、营养水平和管理有关。因此,选择产活仔数多、母性好的母兔作种母兔,在繁殖过程的各个阶段,保持适宜的营养和良好的管理,减少应激,对减少胚胎死亡有一定的效果。

6. 正确采取频密繁殖

频密繁殖俗称"血配",就是产后 2 天内进行配种,可使繁殖间隔缩短 20～30 天,在这种情况下,母兔每年可繁殖 8～10 胎,甚至年繁殖 11 胎。半频密繁殖是指母兔在产后 15 天内配种，可使繁殖间隔缩短 8～10 天，每年可增加繁殖 3～4 胎。商品生产中，如果饲养管理条件较好，全价日粮能满足肉兔生长、繁殖的营养需要，母兔非常健壮时，可通过频密繁殖或半频密繁殖来生产更多的商品兔，以提高经济效益。但此时必须保证母兔和仔兔的营养水平，加强饲养管理。但在青绿饲料为主的饲养条件、母兔体质较差或饲养管理不好的情况下，一般不宜采用这种频密或半频密的繁殖方法。

7. 创造良好的生活环境

保持兔舍清洁、干燥、安静。母兔产仔前做好接产工作。

★成功实例

江苏省徐州市一位农民在家里办起了肉兔养殖场，刚开始办场时，由于没有肉兔生产实践经验，第一年秋冬季进行肉兔繁殖时，多次配种，母兔的受胎率很低，后来购买了一些有关家兔养殖方面的书，通过自学和在专家的指导下，找到了繁殖率很低的原因。其原因主要是：

第一，饲料单一，日常饲料中缺乏青绿饲料，维生素缺乏，使肉兔的性机能下降，导致母兔受胎率很低。

第二，母兔偏瘦，营养不良，导致母兔不能正常形成成熟卵泡。

第三，兔舍简陋，繁殖用肉兔饲养在阴暗、潮湿的兔舍内，通风条件差，致使母兔不发情，公兔精液质量差，精子弱无受胎能力。

　　第四,没掌握好母兔发情周期,错过了母兔最佳配种时期。

　　根据上述原因,逐一进行改进,改进繁殖公兔与母兔的饲料品质,提高精料中蛋白质和能量水平,以符合繁殖公、母兔的营养需要,同时还饲喂含丰富维生素的青绿饲料,如白菜、胡萝卜和山芋藤等青饲料。此外,注意控制繁殖用公兔和母兔的膘情,使公、母兔不肥不瘦,到时就能正常发情配种。改善兔舍的环境条件,在兔舍墙壁上开窗透光、通气,兔舍铺设水泥地面,防潮湿,保持舍内阳光充足、光亮、干燥、不潮湿、空气流通好。注意观察母兔的发情状况,成年母兔一般适时发情,发情时表现为精神不安,吃食减少,阴户红肿,并掌握了"粉红色早、黑紫色迟、老红色正当时"的配种规律。最后做好配种和繁殖记录,也是配好种的一环。通过上述改进措施,该肉兔养殖场当年冬季母兔的受胎率达到了80%以上。

四、怎样配制肉兔饲料

(一)肉兔的营养需要

营养需要是指保证肉兔健康和正常生产性能所需要的营养物质,分为维持和生产需要两部分。它是制定肉兔饲养标准、合理配合日粮的依据,也是确保肉兔正常生长和繁殖的基础。了解肉兔的营养需要是科学养兔的重要环节。

1. 能量

肉兔的生长、繁殖和生产过程中,都需要能量。肉兔维持需要的能量为每千克配合饲料中含 8.79 兆焦(MJ)的消化能;每千克饲料中含 10.46 兆焦的消化能时,即可满足生长兔快速生长的需要。怀孕及哺乳母兔需要的消化能为每千克配合饲料中含 10.46～12.12 兆焦,能量过高,易造成母兔过肥,降低泌乳性能,且胚胎死亡率增加;能量过低,会使母兔消瘦,受胎率低,仔兔死亡率升高。

2. 蛋白质

蛋白质是构成肉兔肌肉、血液、内脏、皮毛等的主要成分,又是修补组织、维持生命不可缺少的物质。构成蛋白质的基本单位为氨基酸,氨基酸包括必需和非必需氨基酸,有 20 多种。

肉兔对蛋白质的需要在一定程度上依据蛋白质的品质来决定。蛋白质中氨基酸越完全,比例越恰当,肉兔对它的利用率就越高。在生产实践中,为提高饲料中蛋白质的利用率,常采用多种饲料配合,使各种必需氨基酸互相补充。在日粮中蛋白质品质较好的情况下,不同生理时期肉兔对蛋白质的需要量为:生长兔 16%,妊娠母兔 15%,哺乳母兔 17%,空怀母兔 14%。如果饲料中蛋白质供给不足,肉兔会出现生长缓慢,体重减轻,公兔精液品质降低,母兔不发情、难受孕、缺奶,胎儿发育不良等症状;但如果饲料中蛋白质含量过多,不仅造成饲料的浪费,而且会影响肉兔的健康,引起机体代谢紊乱,甚至造成蛋白质中毒。因此,蛋白质的供给应控制在适当的水平。

3. 粗纤维

粗纤维由纤维素、半纤维素及木质素等组成。植物中粗纤维的含量随着植物的生长阶段和植物部位的不同而异。

粗纤维对肉兔有重要的作用,除可作为能量的部分来源外,主要功能是构成合理的日粮结构,维持消化道正常的生理功能。当其含量适宜时,对维持食糜密度、正常的消化运输及硬粪的形成起重要作用,还可防止因进入后肠的淀粉含量过高引起的腹泻现象,即"后肠碳水化合物负荷过量"。

当日粮中粗纤维含量过低时,肉兔易发生消化紊乱、腹泻、肠炎,生长迟缓,甚至死亡;含量过高时,易加重消化道负担,影响大肠对粗纤维的消化,削弱其他营养物质的消化吸收利用。肉兔日粮中粗纤维的含量,幼兔为 10%～12%,成年兔为14%～17%。

4. 脂肪

脂肪是提供能量和沉积体脂的营养物质之一,也是构造肉兔体组织的重要物质,同时还是高分子不饱和脂肪酸、磷脂和维生素溶剂的来源。

肉兔体内的脂肪主要是由饲料中的碳水化合物转变为脂肪酸后合成的。但脂肪酸中的 18 碳二烯酸(亚麻油酸)、18 碳三烯酸(次亚麻油酸)和 20 碳四烯酸(花生油酸)在肉兔体内不能合成,必须由饲料供给,因而也称为必需脂肪酸。必需脂肪酸在肉兔体内的作用极为复杂,缺乏时则会引起生长发育不良,公兔精细管退化和畸形精子数增加、母兔繁殖性能下降等不良现象。

日粮中脂肪的含量为 3%～5%。若含量不足,则会导致肉兔体消瘦和脂溶性维生素缺乏症,公兔副性腺退化,精子发育不良,母兔受胎率下降,产仔数减少;反之,饲料中脂肪含量过高,则会引起饲料适口性降低,甚至出现肉兔腹泻导致死亡等现象。

5. 矿物质

矿物质在肉兔体内的含量很少,约占成年体重的 5%,但参与机体内的各种生命活动,在整个机体代谢过程中起着重要作用,是保证肉兔正常生长和繁殖不可缺少的营养物质。

(1)常量元素:包括钙、磷、钠、钾、氯、镁等在体内含量超过0.01%的矿物质元素。

钙和磷:钙和磷是肉兔体内含量最多的两种元素,是骨骼和牙齿的主要成分。此外,钙还参与血液凝固,调节神经、肌肉组织兴奋性及酸碱平衡;磷则是构成细胞结构的成分,如磷脂。钙的吸收受日粮中钙、磷及维生素 D 含量的影响。通常认为钙磷比例为(1~2):1 时较理想。泌乳母兔由于随乳汁排出大量的钙和磷,因此,应适当提高其日粮中钙、磷的含量。当日粮中钙、磷缺乏时,易导致肉兔的软骨病,母兔产前产后瘫痪、幼兔佝偻病等。

钠和氯:钠和氯是食盐的主要成分。钠在肉兔体内的酸碱平衡中起主要作用;氯则是制造胃酸的原料。长期缺钠,将使肉兔的食欲降低,被毛粗糙,生长缓慢,饲料利用率下降。

钾:钾是细胞内的主要阳离子,缺乏时,常伴随发生许多机能和结构的异常,易造成严重的肌肉营养不良。生长兔日粮中钾的含量最少为 0.6%。钾含量过高则会引起肉兔的肾炎。肉兔是一种草食动物,植物性饲料中不会缺钾。因此,正常情况下,肉兔不会发生缺钾症。

镁:生长兔对镁的需要量为每千克配合饲料中含镁 300~400 毫克。镁含量过高或过低易造成肉兔吃毛、生长不良或过度兴奋引起痉挛。

(2)微量元素:包括铁、铜、锌、锰、钴、碘等在体内含量不足0.01%的矿物质元素。

铁:铁是形成血红素和肌红蛋白所必需的,是细胞色素酶类和多种氧化酶的成分,缺乏时易引起贫血。

铜:铜是许多氧化酶的组成部分,参与造血过程和促进血红素的合成,此外还参与兔毛中蛋白质的合成。缺铜易引起肉兔的贫血,生长受阻,皮毛粗硬、变灰,消瘦,下痢,生产力显著下降,且有异嗜症等。在谷物籽实及副产品中含有丰富的铜,肉兔每千克配合饲料中铜的含量为 3 毫克时,即能满足需要。据有关试验,每千克配合饲料中加入 200 毫克的铜能刺激幼兔生长。

锌:锌存在于合成核糖核酸的酶系统中,核糖核酸存在于一切细胞中。因此,锌对细胞的生长是必需的,同时锌对精子的成熟也具有重要作用。当母兔每千克配合饲料中含锌量少于 3 毫克时,则毛变灰,掉毛,体重减轻,食欲下降,下颚及颈部毛潮湿而无光泽,甚至拒绝交配。此时,可以通过添加硫酸锌来缓解锌缺乏症。

锰:锰对肉兔的生长、繁殖和造血都有作用。锰缺乏时,骨骼系统发育不正常,表现为腿弯曲,骨骼的重量、密度、长度及灰分含量均减少。一般每千克配合饲料中成年兔和生长兔需要的锰含量最少为 2.5 毫克和 8.5 毫克。

钴:钴是肉兔消化道微生物合成维生素 B_{12} 所必需的,且可以加速兔毛的生长。缺钴的现象多发生于土壤严重缺钴的地区,如能饲喂含氯化钴或硫酸钴的饲料,则可以防止肉兔的缺钴症。一般条件下,肉兔发生钴不足的情况极其少见。

碘:肉兔每千克配合饲料中最少应含碘 0.2 毫克。过量的碘会使新生仔兔死亡率增高,而缺碘地区必须应注意碘的补给。

6. 维生素

维生素作为一组具有高度生物学活性的低分子有机化合物,对维持肉兔正常的生理机能有不可替代的作用。如果缺乏,会造成新陈代谢发生障碍,从而产生各种疾病。各种维生素均由碳、氢、氧组成,部分还含有一种或几种矿物质。除少数几种维生素可在动物体内合成外,一般均需由饲料供给。

现已发现 20 余种维生素,根据溶解性可分为水溶性维生素和脂溶性维生素。

(1)脂溶性维生素:包括维生素 A、D、E、K。

维生素 A:缺乏维生素 A 时会产生许多疾病,如生长缓慢,神经受损,运动失调,痉挛瘫痪,结膜干燥并能损害生殖系统。饲料加工调制的方法对胡萝卜素含量有较大影响,如牧草由于晒制方法不当而无青绿色;干草贮存方式不当或时间过长;对青饲料高温、高压或化学处理等,均会使其中胡萝卜素含量损失较大。

维生素 D:维生素 D 与钙、磷代谢有关,缺乏时,会引起软骨病、骨质疏松。豆科牧草中富含维生素 D。建议用量每千克配合饲料含维生素 D 1 000 国际单位(IU)。

维生素 E:维生素 E(α-生育酚)与肉兔的繁殖力有关,缺乏时易引起母兔不孕,造成死胎及流产,公兔精液品质下降,以及初生仔兔死亡率高。此外,与神经、肌肉组织代谢有关,严重缺乏时,可引起肌肉营养不良,肌肉呈现白色条纹。维生素 E 在谷实、糠麸和青饲料中含量较多。建议每千克配合饲料含维生素 E40 毫克。

维生素 K:肉兔肠内能合成维生素 K,能满足正常的需要,但繁殖母兔应适当给以补充。建议每千克配合饲料中含维生素 K2 毫克。

(2)水溶性维生素:主要有 B 族维生素和维生素 C。

核黄素(维生素 B_2):缺乏时,肉兔食欲变差,皮毛粗糙,生长不良,并能影响繁殖与泌乳。核黄素在青饲料与动物性饲料中含量较丰富,因此,肉兔可以从饲料中获得而不会缺乏。

泛酸(维生素 B_3):泛酸与肉兔体脂肪及胆固醇合成有关。缺乏时,肉兔常发生皮肤和眼部疾病。泛酸广泛存在于各种饲料中,但加热易遭破坏。

烟酸(维生素 B_5):缺乏时,易引起食欲缺乏、生长不良、下痢、被毛粗糙。烟酸可在肉兔体内由色氨酸合成,并广泛分布于各种饲料中。谷实类饲料虽含量较多,但呈结合状态,不易被肉兔利用。据试验,肉兔按每千克体重补加 11 毫克烟酸时,能促进生长。

吡哆醇(维生素 B_6):缺乏时,易引起皮肤损害、神经系统功能紊乱及生长不良。通常,每千克配合饲料中含有 39 毫克吡哆醇可以预防缺乏症。

维生素 B_{12}:维生素 B_{12} 是一种含金属钴的维生素,具有促进肉兔体内蛋白质合成的作用。维生素 B_{12} 可在肉兔体内合成,完全不用依靠饲料供给,但与日粮组成有关。

维生素 C:维生素 C 为一种多羟化合物,易被氧化剂破坏。维生素 C 参与机体内一系列的代谢过程,具有抗氧化作用,易氧化为脱氢抗坏血酸,保护其他化合物免被氧化。肉兔一般不需要从饲料中获得。

7. 水

水是肉兔机体的重要组成成分,约占体重 70% 以上,也是肉兔体内营养物质的运输、消化与吸收、代谢终产物的排出及体温调节所必不可少的。在缺水情况下,常会引起肉兔食欲减退,消化机能紊乱，甚至死亡。肉兔主要依靠饮水、饲料水及代谢水来满足水的需要。在高温季节和母兔泌乳期间，对水的消耗量大，必须及时补水。

（二）肉兔的饲养标准

饲养标准是总结大量饲养试验结果和动物实际生产的需要，对各种特定动物所需要的各种营养物质的定额所作的系统的规定。它是动物生产计划中组织饲料供给、设计饲料配方、生产平衡日粮及对动物实行标准化饲养的技术指南和科学依据。在肉兔生产过程中，一方面要满足肉兔生长发育、繁殖等不同阶段的营养需要，充分发挥其生产能力，另一方面又要不造成饲料浪费，因此，在实际饲养过程中，要针对不同阶段肉兔的饲养标准，并结合当地的饲料资源情况，制定合理的饲料配方。

肉兔饲养标准的核心是保证日粮中能量、粗蛋白、粗纤维及钙、磷的平衡，使肉兔既能表现出应有的生产性能，又能经济有效地利用饲料。现介绍美国 NRC(1980)推荐的家兔营养需要量（见表 4-1）和法国 Lebas(1989)推荐的集约化饲养肥育家兔的营养需要量（见表 4-2），以供我国肉兔生产参考。

国外对肉兔的饲养标准的研究和制订起步较早，在具体应用过程中需注意以下几点。

第一，营养标准多是以本国饲养条件和生产水平为基础编制的，应灵活应用，切忌生搬硬套。

第二，肉兔对营养物质的需要量不是固定不变的，随着品种的改良，日粮全价性的完善以及对饲料利用率的提高，其对营养物质的需要量也将逐步有所变化。

　　第三,饲养标准是科学试验和生产实践相结合的产物,具有一定的代表性,但自然条件、管理水平等的差异性,决定了广大养兔生产者应根据具体条件适当修改和检验肉兔的营养需要量。

表 4-1　美国 NRC 推荐的家兔营养需要量(1980)

项　　目	生长期(4～12 周)	哺乳母兔	妊娠母兔	维持	泌乳母兔及仔兔
粗蛋白质(%)	15	18	18	13	17
含硫氨基酸(%)	0.5	0.6			0.55
赖氨酸(%)	0.6	0.75			0.7
精氨酸(%)	0.9	0.8			0.9
苏氨酸(%)	0.55	0.7			0.6
色氨酸(%)	0.18	0.22			0.2
组氨酸(%)	0.35	0.43			0.4
异亮氨酸(%)	0.6	0.7			1.25
缬氨酸(%)	0.7	0.85			0.8
亮氨酸(%)	1.05	1.25			1.2
可消化纤维(%)	12	10	12	13	12
粗纤维(%)	14	12	14	15～16	14
消化能(兆焦/千克)	10.46	11.3	10.46	9.2	10.46
代谢能(兆焦/千克)	10.04	10.88	10.04	8.87	10.08
粗脂肪(%)	3	5	3	3	3
钙(%)	0.5	1.1	0.8	0.6	1.1

项　目	生长期 (4～12周)	哺乳母兔	妊娠母兔	维持	泌乳母兔 及仔兔
磷(%)	0.3	0.8	0.5	0.4	0.8
钾(%)	0.8	0.9	0.9		0.9
钠(%)	0.4	0.4	0.4		0.4
氯(%)	0.4	0.4	0.4		0.4
镁(%)	0.03	0.04	0.04		0.04
硫(%)	0.04				0.04
钴(毫克/千克)	1	1			1
铜(毫克/千克)	5	5			5
锌(毫克/千克)	50	70	70		70
锰(毫克/千克)	8.5	2.5	2.5	2.5	8.5
碘(毫克/千克)	0.2	0.2	0.2	0.2	0.2
铁(毫克/千克)	50	50	50	50	50
维生素 A (国际单位)	6 000	12 000	1 200		10 000
胡萝卜素 (毫克/千克)	83	83	83		83
维生素 D (国际单位)	900	900	900		900
维生素 E (国际单位)	50	50	50	50	50
维生素 K (毫克/千克)	2	2	2		2

续表

项　目	生长期 (4～12 周)	哺乳母兔	妊娠母兔	维持	泌乳母兔 及仔兔
维生素 C (毫克/千克)	0	0	0	0	0
硫胺素 (毫克/千克)	2		0	0	2
核黄素 (毫克/千克)	6	0	0	0	4
吡哆醇 (毫克/千克)	40		0	0	2
维生素 B$_{12}$ (毫克/千克)	0.01	0	0	0	
叶酸(毫克/千克)	1		0	0	
泛酸(毫克/千克)	20		0	0	

表 4-2　Lebas(1989)推荐的集约饲养肥育家兔的营养需要量

营养成分	含量	营养成分	含量	营养成分	含量
消化能 (兆焦/千克)	10.4	精氨酸(%)	0.9	钴(毫克/千克)	0.1
代谢能 (兆焦/千克)	10.0	苯丙氨酸(%)	1.2	氟(毫克/千克)	0.5
脂肪(%)	3.0	钙(%)	0.5	维生素 A (国际单位/千克)	6000
粗纤维(%)	14	磷(%)	0.3	维生素 D (国际单位/千克)	900
难消化纤维素(%)	11	钠(%)	0.3	维生素 B$_1$ (毫克/千克)	2

续表

营养成分	含量	营养成分	含量	营养成分	含量
粗蛋白(%)	16	钾(%)	0.6	维生素 K (毫克/千克)	0
赖氨酸(%)	0.65	氯(%)	0.3	维生素 E (毫克/千克)	50
含硫氨基酸 (%)	0.6	镁(%)	0.03	维生素 B$_2$ (毫克/千克)	6
色氨酸(%)	0.13	硫(%)	0.04	维生素 B$_6$ (毫克/千克)	2
苏氨酸(%)	0.55	铁(毫克/千克)	50	维生素 B$_{12}$ (毫克/千克)	0.01
亮氨酸(%)	1.05	铜(毫克/千克)	5	泛酸 (毫克/千克)	20
异亮氨酸(%)	0.6	锌(毫克/千克)	50	尼克酸 (毫克/千克)	50
缬氨酸(%)	0.7	锰(毫克/千克)	8.5	叶酸 (毫克/千克)	5
组氨酸(%)	0.35	碘(毫克/千克)	0.2	生物素 (毫克/千克)	0.2

引自:国外畜牧学——草食家畜,1989(4)

(三)常用饲料

肉兔的饲料可分为:粗饲料,青绿饲料,青贮饲料,能量饲料,蛋白质饲料,矿物质饲料,维生素饲料,添加剂。上述 8 类饲料中作为肉兔配合饲料原料的主要有能量饲料、蛋白质饲料、矿物质饲料、维生素饲料、添加剂和部分粗饲料。

1. 常用饲料

(1)青绿多汁饲料:肉兔除采食部分精料外,主要依靠天然牧草、野草、野菜和树叶等青绿、多汁饲料。青绿饲料含水量高,一般可达 60%～80%,某些水生植物,如水浮莲、水葫芦等水分可高达 95%左右。大部分青饲料具有良好的适口性,蛋白质营养价值高,其中各种必需氨基酸,特别是赖氨酸、蛋氨酸和色氨酸含量较多。此外,青饲料中除维生素 D 外,其他维生素的含量均很高。青绿饲料柔嫩多汁,易被消化吸收。

在我国北方的 4～10 月,南方几乎全年,都有喂兔的各种青绿饲料,该类饲料既可在春、夏、秋三季作为肉兔的鲜饲料,又可晒成干草或制成干草粉供冬季喂用。

肉兔最喜食纤维少而叶多的青草。野草中的野豌豆、蒲公英、马兰头、野苋菜、车前草、荠菜等,栽培牧草中的苜蓿、紫云英、苕子、三叶草、苏丹草等,青刈作物中的豌豆、大豆、麦类等,叶菜中的苦荬茶、卷心菜、小青菜等均是良好的青绿饲料。此外,槐树叶、桑叶、紫荆叶、椿叶等树叶蛋白质含量多且营养丰富,也是喂肉兔的好饲料。

多汁饲料水分含量高,干物质少,仅 10%～30%,蛋白质、脂肪、粗纤维和钙、磷的含量均很贫乏,维生素 C 含量丰富,主要包括块根、块茎和瓜类,常用的有甜菜、胡萝卜、芜菁、马铃薯、南瓜、菊芋等。

多汁饲料含水量高,多具寒性,因此喂量不宜多,否则易引起肉兔软便,甚至腹泻。在此类饲料中,以胡萝卜质量最好,每千克鲜胡萝卜含胡萝卜素 2.11～2.72 毫克,长期补喂,能提高种兔的繁殖力。

(2)粗饲料:粗饲料指干物质中粗纤维含量18%以上的饲料,包括青干草类、青干树叶类和秸秆荚壳类等。粗饲料的营养价值和饲喂效果差异很大,如青干草、树叶的营养成分很高,但秸秆荚壳类则不同,其纤维木质素含量很高,营养价值低。

①豆科牧草:豆科牧草干物质中蛋白质占15%~20%,含有各种必需的氨基酸,蛋白质生物学效价高,可弥补谷类饲料蛋白质的不足,所含钙、磷、胡萝卜素和维生素B_1、维生素B_2、维生素C、维生素E、维生素K等均丰富。适期利用的豆科牧草粗纤维含量低,柔软多汁,适口性强,易消化。重要的豆科牧草有苜蓿、三叶草、毛苕子、普通苕子等。

苜蓿的营养价值和收获期关系密切,幼嫩苜蓿含水较多,中等现蕾期收割的苜蓿其干物质、可消化干物质及粗蛋白质含量均较高,适口性好。例如花前期干苜蓿,含粗蛋白22.1%,粗脂肪3.5%,粗纤维23.6%,灰分9.6%。因此,苜蓿是肉兔的主要饲料之一,国外的配合饲料中,优质苜蓿草粉可占日粮的50%。在我国的山东、河北、山西、河南等地普遍种植苜蓿,可充分利用苜蓿草粉作为肉兔日粮中的重要组成,以降低饲料成本。但如果收割期偏迟,则饲用价值明显下降。

三叶草对肉兔的饲养价值类似于苜蓿,其产量没有苜蓿高,但不像苜蓿要求有肥沃的土壤,是玉米产区最重要的牧草之一。目前,栽培较多的三叶草有白三叶、红三叶。三叶草适口性好,在肉兔日粮中,优质的三叶草可作为苜蓿的代用品。

毛苕子和普通苕子均是水田或棉田的重要绿肥作物,生长快,茎叶柔嫩,是良好的饲料牧草。可供肉兔青饲或调制干草用,种子经过处理后可作精饲料。毛苕子茎叶较细,营养价值较普通苕子为高。用作调制干草宜在结荚期收割,产量最高;用作青饲的则以盛花期刈割为好。

②禾本科牧草:禾本科牧草所含营养物质一般低于豆科牧草,富含精氨酸、谷氨酸、赖氨酸等。主要以草地野生为主,及时收获和妥善干制、贮藏和加工,是获得廉价优质青干草的关键。禾本科牧草是农村家庭养兔的主要粗饲料,可占日粮的25%~30%。目前广泛种植的禾本科牧草有多年生黑麦草、苏丹草。

③其他风干粗饲料:秸秆、荚壳是谷类、豆科、油料和其他植物脱粒的副产品,秸秆所含养分主要是粗纤维,约含50%,缺乏维生素和矿物质。荚壳质地稍软,营养成分略高于秸秆,其主要营养成分见表4-3。

表4-3　几种主要秸秆、荚壳的营养成分(以干物质计,%)

名　称	粗蛋白	粗纤维	灰分	钙	磷	无氮浸出物
大豆荚皮	4.9	33.7	9.4	0.99	0.20	41.2
大麦壳	7.4	23.7	—	—	—	55.4
玉米芯	2.1	35.5	1.8	0.12	0.04	45.6
稻壳	2.8	44.5	19.9	0.09	0.08	29.2
稻草	4.8	35.1	17.0	0.21	0.08	35
小麦秸	3.2	43.6	7.2	0.16	0.08	38.6
大麦秸	3.6	41.6	6.9	0.35	0.10	39.5
玉米秸	5.7	34.3	6.9	0.6	0.1	51.3
大豆秸	4.5	44.3	6.4	1.59	0.06	39.4
蚕豆秸	8.4	41.6	8.4	—	—	34.0
燕麦秸	3.8	49.0	7.6	0.27	0.1	40.1
花生藤粉	12.2	21.8	—	2.80	0.1	—
甘薯藤粉	10.3	25.7	—	2.44	0.16	—

（3）能量饲料：能量饲料是指干物质中粗纤维含量低于
18%，粗蛋白含量低于20%的饲料。其优点是含能量高，消化
性能好。缺点是普遍含蛋白质低，含钙低，维生素种类不完全。
常用的能量饲料有各类植物种子，如大麦、小麦、玉米、高粱等籽
实，属于高能量饲料；粮食加工副产品中的米糠与麦麸等，属于
一般能量饲料。在单胃家畜中，肉兔所需能量较低。

①玉米：种植面积广，产量高，是肉兔主要的能量饲料。玉
米消化能14.36兆焦/千克，粗蛋白8.6%，粗脂肪4.8%，粗纤
维2.0%，缺乏赖氨酸和色氨酸等几种必需氨基酸。因此，用玉
米配制日粮时，应注意蛋白质饲料的补充，适量添加赖氨酸、色
氨酸。玉米籽实中维生素B_{12}十分缺乏，核黄素和泛酸含量低，
深黄色玉米胡萝卜素含量较多。玉米贮藏时水分宜在14.5%
以下，且以原粮贮存，用时粉碎，此外也可使用丙酸抗霉菌剂防
止玉米霉变。在肉兔的日粮中，玉米比例为25%左右。

②高粱：高粱和玉米是互相可替代的两大谷物，多种植在不
适宜于玉米生长的半干旱地区。其营养成分如下：粗蛋白9%，
粗脂肪3%，粗纤维2.5%，钙0.03%，磷0.3%，与玉米类似，必
需氨基酸赖氨酸、精氨酸、蛋氨酸含量少。由于高粱中存在单
宁，影响适口性，因而在肉兔日粮中的应用很少。据报道，断奶
兔日粮中加入5%～10%的高粱可预防腹泻。

③大麦：大麦作为一种重要的能量饲料，其用量仅次于玉
米，含粗蛋白11.5%、粗脂肪2.0%、粗纤维6.0%、钙0.05%、
磷0.40%，胡萝卜素含量不足，维生素B_1和维生素B_5含量丰
富，适口性好。大麦不仅是良好的精饲料，且由于其生长周期
短，分蘖力强，适应性广，再生力强，可用作青刈，生产青绿饲料。

其种粒生芽,是良好的维生素补充料。大麦在肉兔日粮中的比例为10%~15%。

④麦麸:包括大麦麸和小麦麸,其来源广,数量多,价格便宜,营养价值相对较高。二者的营养成分分别为:总能16.24兆焦/千克和16.08兆焦/千克,粗蛋白15.4%和11.4%,粗纤维5.7%和8.8%,钙0.33%和0.15%,磷0.48%和0.62%,富含B族维生素及维生素E。

麦麸质地膨松,适口性好,可弥补含玉米日粮中氨基酸的不足,并且麦麸中含有较高的纤维素及一定量的镁盐,有利于通便,是妊娠后期母兔和哺乳母兔的好饲料。麸皮在肉兔日粮中的用量最高可达40%。

⑤米糠、脱脂米糠:脱脂米糠是米糠被浸提油脂后的粕,与米糠相比,不易腐败变质。米糠含粗纤维13%以下,粗蛋白12.5%;脱脂米糠含粗纤维14%以下,粗蛋白14%,两者均富含B族维生素和锰、磷。米糠因含油脂较多,保存中易哈变。一般在日粮中比例为10%~15%。

(4)蛋白质饲料:蛋白质饲料是指干物质中粗蛋白含量20%以上,粗纤维含量18%以下的饲料。包括饼粕类蛋白饲料、动物性蛋白质饲料。饼粕类主要包括大豆饼粕、棉籽饼粕、菜籽饼粕、芝麻饼粕、花生饼粕等,其中以大豆饼粕和菜籽饼粕应用最多,是蛋白质饲料的主要来源。动物性蛋白质饲料主要有鱼粉、肉骨粉、血粉等。下面介绍肉兔常用的几种主要蛋白质饲料:

①豆饼和豆粕:大豆籽实榨油后的副产品。豆饼是压榨后的副产品,豆粕是浸提后的副产品,含粗蛋白43%左右,粗脂肪

0.9%,粗纤维 6%,消化能 12.14～14.24 兆焦/千克,钙 0.25%～0.30%,磷 0.47%～0.63%,胡萝卜素和维生素 D 含量低,维生素 B_5 丰富,是肉兔配合饲料中主要的蛋白质来源之一。生豆饼、豆粕含有胰蛋白酶抑制因子、脲酶等物质,影响饲料的消化利用,可通过加热的方法使其分解失活。

豆饼、豆粕的价格较高,因而在肉兔日粮中推荐用量为 15%～20%。

②棉籽饼:是棉籽榨油后的副产品。来源广,数量大,价格低,是主要的蛋白饲料资源之一。含粗蛋白 36%,有的可高达 41%,含粗纤维 14%,钙 0.2%,磷 1.0%,所含氨基酸中赖氨酸少,蛋氨酸多,维生素 B_1 含量多,胡萝卜素、维生素 D 含量少。

棉籽饼里含有对畜禽有害的棉酚,且以游离棉酚为主。常用的脱毒方法有:水热处理去毒法、碱去毒法、硫酸亚铁去毒法、溶剂浸出法、植酸酶去毒法。近年来,在河北、河南及山东的一些地区推广无毒棉,不含棉酚,饲用价值较高。肉兔日粮中建议用量小于 8%。

③菜籽饼:是油菜籽榨油后的副产品。粗蛋白含量 30% 以上。

菜籽饼中含有硫葡萄糖苷,在芥子酶的作用下可水解成有毒的异硫氰酸盐,导致甲状腺肿大。常用的脱毒方法有:水煮法、土埋法、乙醇法。肉兔日粮中建议用量小于 10%。

④花生饼:其营养价值可与豆饼相媲美,含粗蛋白 47.4%,粗脂肪 1.2%,粗纤维 13.1%,赖氨酸、蛋氨酸含量少,精氨酸和组氨酸含量丰富,含钙、胡萝卜素及维生素 D 少。含胰蛋白酶抑制因子,可加热使其失活。在贮存过程中,必须防止花生饼感

染黄曲霉菌,产生黄曲霉毒素,引起肉兔中毒。肉兔日粮中建议用量在15%以下,并注意补充赖氨酸和蛋氨酸。

⑤饲料酵母:以植物性蛋白饲料为基料,接种特殊种属的酵母菌发酵而得到。一般优质饲料酵母含粗蛋白50%~55%,品质好,消化率高,且含丰富的B族维生素和维生素D,以及钙、磷、铁、锰等矿物质,是肉兔良好的蛋白质补充料,建议用量为2%~5%。

⑥鱼粉:由不宜供人食用的鱼类及渔业加工的副产品制成,是优质的动物性蛋白饲料。含粗蛋白55%~75%,含有全部必需氨基酸,生物学价值高。此外还含有未知动物蛋白因子,能促进养分的利用。鱼粉中的矿物质元素量多质优,富含钙、磷及锰、铁、碘等,维生素A、维生素D和B族维生素含量丰富,在配合饲料中添加量不超过5%为宜。

⑦酒糟:酒糟的营养价值与酿酒的原料有关。各种酒糟干物质中,粗蛋白16%左右,消化能6.0兆焦/千克以上,富含B族维生素。喂酒糟时易引起便秘,因此,在配合饲料中添加量不超过30%为宜,并做好玉米、糠麸、饼类、石粉等的搭配,特别注意多喂青绿饲料。

(5)矿物质饲料:一般天然饲料中所含的矿物质,基本上能满足肉兔的需要,特别是以大量豆科牧草为日粮时更不易缺乏。但以禾本科牧草为主饲料时,常需补充矿物质。常用的矿物质补充料有食盐、石粉、蛋壳粉、贝壳粉等。近年来,膨润土、麦饭石、海泡石等也得到充分利用。

①膨润土:是一种有层状结晶构造的含水铝硅酸盐矿物质,含有动物生长所需的铁、磷、钾、铝、铜、锌、锰、钴等20余种元

素,具有营养、吸附、置换等功能。肉兔日粮中添加 $1\%\sim3\%$,能明显提高肉兔生产性能,减少疾病的发生。

②麦饭石:属钙碱性岩石系列,能吸附有害有毒物质。麦饭石中含有 27 种动植物正常生长所需的元素,其中 11 种为主要元素,16 种为微量元素,是酶、维生素、激素的组成成分。肉兔日粮中适宜添加量为 $1\%\sim3\%$。有试验报道,肉兔配合饲料中添加 3% 的麦饭石,增重提高 23.18%,饲料转化率提高 16.24%。

(6)添加剂:添加剂是指为提高饲料利用率,保证或改善饲料品质,促进动物生产,保证其健康而掺入饲料中的少量或微量的营养性或非营养性物质。近年来,随着饲料工业的迅猛发展,饲料添加剂的研究逐步深入,其在养殖业的应用效果也越来越明显。

常用的添加剂主要有以下几种类型。

①矿物微量元素添加剂:该类添加剂能促进肉兔的生长发育,加速兔毛生长,保持兔毛光泽,同时对种兔的繁殖也具有重要作用。肉兔所必需的微量元素有铁、铜、锰、锌、钴、碘、硒等。

选择微量元素添加剂时,必须考虑它们的生物利用性、稳定性和物理性质。常用的添加剂有硫酸亚铁、碘酸钙、亚硒酸钠、硫酸钴等。有条件的兔场可以自配矿物质添加剂。表 4-4 中列出了部分元素和盐的互换系数。

表 4-4　部分元素和盐的互换系数

元素换算为盐的系数	元素	盐的名称	盐换算为元素的系数
5.128	铁	硫酸亚铁($FeSO_4 \cdot 7H_2O$)	0.196
4.237	铜	硫酸铜($CuSO_4 \cdot 5H_2O$)	0.237
4.464	锌	硫酸锌($MnSO_4$)	0.225
4.545	锰	硫酸锰($MnSO_4 \cdot 5H_2O$)	0.221
4.831	钴	硫酸钴($CoSO_4 \cdot 7H_2O$)	0.207
3.215	碘	碘酸钙($Ca(IO_3)_2 \cdot H_2O$)	0.311
3.333	硒	亚硒酸钠($NaSeO_3 \cdot 5H_2O$)	0.300

②维生素添加剂:目前生产上常用的为复合维生素添加剂,添加量为70～100毫克/千克配合饲料。

③氨基酸添加剂:肉兔日粮多由植物性饲料组成,易缺乏蛋氨酸和赖氨酸,可通过在日粮中额外添加,来满足肉兔的需要,添加量依饲料中氨基酸含量而定,为0.1%～0.3%。

④驱虫保健剂:在集约化规模养殖中,除传染性疾病外,对肉兔危害最大的病为球虫病,一旦发生,常会造成巨大的经济损失。近年来研究出一些抗球虫药,添加于饲料中可防治肉兔球虫病,常用的有氯苯胍、氯羟吡啶、马杜霉素铵盐和地克珠利等。

⑤抗菌促生长剂:该类添加剂具有有效防治细菌性疾病和促进动物快速生长的作用。常用的有:杆菌肽锌,建议添加量40毫克/千克配合饲料;喹乙醇,建议添加量30～60毫克/千克配合饲料;黄霉素,建议添加量5毫克/千克配合饲料。

除此之外,添加剂的种类还有:酶制剂(主要为纤维素类分解酶)、微生态制剂(用动物体内有益微生物经特殊工艺而制成的活菌制剂)以及利用中草药和大蒜生产的添加剂,这些添加剂还有待进一步开发和应用。

2. 青绿饲料的均衡供应

青绿饲料是农村家庭肉兔养殖场的主要饲料,也是规模化兔场的重要补充料。由于季节的更替,单纯依靠野生青绿饲料远不能满足需要,因此有必要采取人工栽培牧草与野生青绿饲料相结合的方法,保证青饲料的常年均衡供应。现提供青饲料的均衡供应方案(见表4-5),供肉兔养殖场参考。

表 4-5　青饲料的均衡供应方案

品种	月份											
	1	2	3	4	5	6	7	8	9	10	11	12
冬牧-70 黑麦	△	△	△	△					×	×		△
杂交狼尾草			×	×		△	△	△	△			
多花黑麦草	△	△	△	△					×	×		△
紫花苜蓿			△	△	△	△			×	×		
红三叶			△	△	△	△			×	×		
苦荬菜			×	×	△	△	△					
苏丹草			×	×	△	△	△					
毛苕子	△	△	△	△					×	×		△	△
胡萝卜	△	△	△						×	×		△
甘薯藤				×	×	△	△	△	△			
野青草			△	△	△	△	△	△	△	△		

注:△表示利用期;×表示种植期。

（四）日粮配制和加工技术

1. 配制的原则

第一，从生产实践出发，根据肉兔的品种、生理状态等因素选择相应的饲养标准。

第二，结合当地饲料资源的情况，选择搭配饲料原料，确保原料质量。一要注重饲料的适口性，尽量选择肉兔喜食且营养价值好的饲料原料；二要注重饲料的含水量，水分过高不仅降低养分浓度，且贮存时易霉变；三要保证饲料原料未霉变，未被污染。

第三，注意饲料之间的合理搭配，因其在营养上既有互补，又有制约作用。肉兔的日粮中必须保持精粗饲料比例恰当。精料营养价值高，但体积小，喂少不能满足胃容积的需要，喂多易造成肉兔消化道疾病，因此保持肉兔日粮中粗饲料有一定比例非常重要。肉兔配合饲料中原料的大致比例：能量饲料如玉米、麸皮等 30%～50%；植物蛋白饲料如豆饼等 5%～20%；动物蛋白饲料 0～5%；干草、秸秆等粗饲料 20%～40%；食盐 0.3%；矿物质 1%～3%；维生素添加剂等 0.5%。

第四，配制饲料时，应根据动物最适宜生长和生产的温度等环境条件，调整日粮中能量、蛋白质、粗纤维、氨基酸水平和比例。

第五，拟定饲料配方时，应注重经济效益，尽可能降低饲料成本，节约饲料用粮；同时积极开发利用其他饲料资源，降低饲料中原粮的比例。

2. 配制日粮的方法

在配制肉兔日粮时必须考虑粗饲料、能量饲料和蛋白质饲料比例,同时又要照顾到适口性和体积大小以及饲料成本。试差法是比较简便的一种配制日粮方法。首先根据饲养标准先粗放地配制,然后计算其中所含的各种养分,并与饲养标准比较,对过多和不足的养分进行调整,以达到基本符合标准的要求。现以种公兔的日粮为例,介绍配制的步骤和方法。

(1)首先必须了解种公兔的营养需要,如种公兔所需要的各种营养成分如表4－6。

表4－6　公兔所需的各种营养成分

消化能 (兆焦/千克)	粗蛋白 (%)	粗纤维 (%)	蛋＋胱氨酸 (%)	钙 (%)	磷 (%)
10.04	17	13～14	0.7	1.0	0.5

(2)从饲料的营养成分表中,查出欲使用饲料的主要营养成分。例如,兔场现有的饲料是苜蓿草粉、玉米、大麦和大豆饼,查出它们的营养成分如表4－7。

表4－7　各种饲料的营养成分

饲料	消化能 (兆焦/千克)	粗蛋白 (%)	粗纤维 (%)	钙 (%)	磷 (%)	赖氨酸 (%)	蛋＋胱 氨酸(%)
苜蓿草粉	5.81	11.49	30.49	1.65	0.17	0.06	0.30
麸皮	12.15	15.62	9.24	0.14	0.96	0.56	0.28
玉米	16.05	8.95	3.21	0.03	0.39	0.22	0.20
大麦	14.05	10.19	4.31	0.10	0.46	0.33	0.25
大豆饼	13.52	42.30	3.64	0.28	0.57	2.07	1.09

（3）不断调整这些饲料在日粮中的含量比例，直到该日粮的各项营养水平与饲养标准大致相符为止。经过几次试配后，以苜蓿草粉、玉米、麸皮和大豆饼在日粮中的比例分别为 30.5％、15％、36％和 16％时最为适宜。计算它们的消化能和粗蛋白质水平如表 4-8。

表 4-8　各种饲料的消化能和粗蛋白质水平

饲料	各类饲料所占比例(%)	消化能（兆焦/千克）	粗蛋白质（%）
苜蓿草粉	30.5	$5.81×0.305=1.77$	$11.49×0.305=3.50$
玉米	15	$16.05×0.15=2.41$	$8.95×0.15=1.34$
麸皮	36	$12.15×0.36=4.37$	$15.62×0.36=5.62$
大豆饼	16	$13.52×0.16=2.16$	$42.30×0.16=6.77$
合计	97.5	10.71	17.23

由上表可见消化能和粗蛋白质水平基本符合饲养标准的要求，再计算其他营养成分如表 4-9。

表 4-9　各种饲料的其他营养成分

饲料	配合率(%)	消化能（兆焦/千克）	粗蛋白质(%)	粗纤维(%)	钙(%)	磷(%)	赖氨酸(%)	蛋+胱氨酸(%)
苜蓿草粉	30.5	1.77	3.5	9.30	0.503	0.05	0.018	0.09
玉米	15	2.41	1.34	0.48	0.004	0.06	0.033	0.03
麸皮	36	4.37	5.62	3.33	0.05	0.35	0.202	0.10
大豆饼	16	2.16	6.77	0.58	0.05	0.09	0.331	0.17
石粉	2				0.70			
食盐	0.5							
合计	100	10.71	17.23	13.69	1.31	0.55	0.58	0.39

其他几种营养成分与饲养标准相比,也基本符合要求。唯含硫氨基酸未达到标准要求,可以添加蛋氨酸,每吨混合饲料加入 800 克蛋氨酸,即可达到标准 0.7% 的要求。

3. 肉兔全价颗粒料的加工

肉兔主要采食颗粒料,常拒食粉料,尤其是含灰尘较多的干草粉,所以近年来在许多兔场已逐渐采用全价颗粒饲料饲喂肉兔,防止其挑食,减少浪费和污染,有效提高饲料利用率。其主要加工工艺关键之处包括:

(1)原料选择:依据饲料配方,一般要求原料的含水量不超过安全贮藏水分,杂质不超过 2%,无霉变,重金属含量在允许范围内,并加强感官指标的检查。

(2)原料粉碎:粉碎后可扩大表面积,易被肉兔消化吸收。玉米、大麦、豆饼、粗饲料均需粉碎后混合。同批饲料原料宜用孔径相同的筛板粉碎,使原料易混合均匀。

(3)混合:该过程为颗粒饲料加工的重要环节。为保证混合均匀度:①将微量添加物制成预混料;②控制混合时间;③确定合理的加料顺序,配比量大的先加,量少的后加;相对密度小的先加,相对密度大的后加。

(4)颗粒压制:①控制适宜蒸汽量,要求粉化率不高于 5%;②控制含水量,北方不高于 14%,南方不高于 12%;③肉兔颗粒料直径 5 毫米,长度 10 毫米;④保证颗粒结实完整,较光滑。此外,在颗粒料中还可加入 1% 防霉剂丙酸钙,0.01%~0.05% 的抗氧化剂丁基化羟甲苯(BHT)或丁基化羟基氧基苯(BHA)。

目前,国内生产肉兔用全价颗粒饲料的厂家不多,一般专业兔场均采用自配料,其生产工艺流程简单,采用主料先粉碎后配合再与副料混合的工艺,生产机组主要由粉碎机、混合机、颗粒机以及输送装置等组成,安置于平房中,机组占地面积少。

(5)常用配方介绍

①麸皮 24%、玉米 10%、豆粕 8%、菜籽粕 3%、槐叶粉 15%、花生藤粉 35%、石粉 1.5%、酵母 1.0%、食盐 0.5%、蛋氨酸 0.3%、骨粉 1.2%、矿物质添加剂 0.5%。

②玉米 23%、麸皮 36%、豆饼 19%、草粉 20%、骨粉 1.5%、食盐 0.5%。每 100 千克饲料另加赖氨酸 200 克、多维 50 克、胆碱 30 克、生长素 50 克。

③肉兔育肥期饲料配方:玉米 35%、麸皮 31%、豆饼 12%、花生饼 17%、鱼粉 3%、石粉 1%、食盐 0.5%、酵母粉 0.5%。

④玉米 31%、麦麸 14.6%、豆饼 16%、菜籽饼 6%、青干草粉 30%、骨粉 1%、盐 0.4%、添加剂 1%。

★实例

江苏省水稻种植面积大,稻草资源比较丰富,价格非常便宜,有些地方甚至将稻草就地焚烧,一方面浪费了资源,另一方面污染了环境,破坏了良田。江苏省扬州市一家庭肉兔养殖场为降低饲料成本,将稻草粉碎后,添加到肉兔的日粮中。现介绍该肉兔养殖场商品肉兔的日粮配方:苜蓿草粉 21.5%、稻草粉 10%、玉米 15%、小麦麸 36%、豆粕 15%、石粉 2％和食盐 0.5％,另外每 100 千克饲料中添加 200 克的蛋氨酸,再将这些原料充分混均后加工成颗粒饲料。该肉兔养殖场使用这种饲料饲养的商品肉兔,生长速度较快,饲料报酬高,饲养周期短,同时降低了饲料成本,增加了经济效益。

五、怎样做好肉兔的日常饲养管理

掌握科学的肉兔饲养管理技术是为了改善兔肉品质,提高产肉性能,使肉兔生产出又多又好的兔肉。如果饲养管理方法不当,即使有优良的品种、优质全价的饲料、合适的笼舍,也不一定能取得理想的饲养效果和经济效益。因此,在肉兔饲养管理过程中,必须根据肉兔的生物学特性、不同的生理阶段和不同的季节特点等采取相应的饲养管理技术措施,才能得到较高的经济效益。

(一)饲养管理的基本要求

1. 肉兔饲养的一般原则

(1)以青、粗饲料为主,精料为辅。饲养肉兔的一个基本原则是以青、粗饲料为主,精料为辅。肉兔是一种草食性动物,其消化系统的特性要求在肉兔日粮中必须满足一定量的粗纤维,但完全以青、粗饲料饲养肉兔,不能充分发挥现代优良肉兔品种早期生长速度快的优势,也不能满足规模化肉兔生产的要求,相应地会延长饲养周期,增加饲养成本。因此,在肉兔日粮中还必须补充一定量的精饲料。生产实践表明:兔不仅能利用植物茎叶(如青草、树叶等)、根块(如胡萝卜、土豆、红薯、甜菜等)、果菜(瓜类、果皮、青菜等)等饲料,还能对植物中的粗纤维进行消化。肉兔每天采食青饲料的量为其体重的 10%～30%(见表 5-1)。肉兔日粮中适宜的粗纤维含量为 12%～14%,幼兔可适当低些,但不能低于 8%;成年兔可适当高些,但不能高于 20%。根据生长、妊娠、哺乳等不同生理阶段的营养需要,精料补充量在50～150 克。

表 5-1　　肉兔日采食青草的数量

体重(克)	500	1 000	1 500	2 000	2 500	3 000	3 500	4 000
草量(克)	153	216	261	293	331	360	380	411
草量/体重(%)	31	22	17	15	13	12	11	10

(2)合理搭配,饲料多样化。目前,我国饲养的肉兔品种绝大多数是一些优良肉兔品种或配套系,如新西兰白兔、加利福尼亚兔、比利时兔、哈白兔、齐卡兔配套系、布列塔尼亚兔配套系、伊拉兔配套系等,这些良种肉兔生长速度快,繁殖率高,体内新陈代谢旺盛。在饲养过程中,尤其在商品肉兔饲养过程中,为了充分发挥其早期生长速度快的优势,需要供应其充足的营养。因此,肉兔日粮应由多种饲料原料组成,并根据其所含的营养成分取长补短,合理搭配。如以蛋白质营养为例,在生产中,一般只注重肉兔日粮中蛋白质所占的比例,而忽视了蛋白质中各种氨基酸的合理比例。禾本科籽实类(如玉米、麦类、稻谷等)一般含赖氨酸和色氨酸较低,而豆科籽实(如大豆、花生饼等)含赖氨酸及色氨酸较多,含蛋氨酸不足。在生产实践中,为减少蛋白质

饲料的消耗，就要采用多种饲料配合，使它们之间的必需氨基酸互相补充，提高蛋白质饲料的利用率。因此，在配制肉兔日粮时，以禾本科籽实及其副产品为主体，加入 10%～20%饼类（如豆饼、花生饼等）或动物性饲料（如鱼粉、蚯蚓粉等），就能提高整个日粮中蛋白质的作用和利用率。在生产中合理配制肉兔日粮时，所使用的饲料种类越多，日粮中的营养越全面、平衡。俗话说："若要兔儿好，给吃百样草"，其道理就在这里。

（3）定时定量。肉兔比较贪食。定时定量即每天给肉兔饲喂时固定喂料次数、喂料量和时间，以养成肉兔良好的进食习惯，有规律地分泌消化液，促进饲料的消化吸收；可以避免幼兔贪吃，引起消化不良；同时还可以避免饲料的浪费现象。若不定时定量，就会打乱肉兔的进食规律，引起消化机能紊乱，造成消化不良，容易患肠胃病，使肉兔的生长发育迟滞，体质衰弱，尤其是幼兔，易引起消化系统的疾病，严重时会导致幼兔死亡。因此，在饲养管理过程中，要根据肉兔的品种、不同生理阶段、采食情况、季节、粪便等情况来定时、定量喂料。例如：幼兔消化力弱，采食量少，生产发育快，就必须多喂几次，每次喂料量要少些，做到少食多餐。夏季中午炎热，兔的食欲降低，而早晚比较凉爽，肉兔的食欲较好，喂料时要掌握这一季节特点，做到早晨喂料要早，中午喂料精而少，晚上要喂得饱。冬季夜长日短，要掌握早上喂得早，中午喂得少，晚上喂得精而饱。在梅雨季节，由于空气中的湿度较大，要多喂干草，以免引起肉兔腹泻，尤其是幼兔。如粪便太干，应多喂多汁饲料；粪便较稀时，应多喂干草等。

（4）调换饲料，逐渐增减。在肉兔生产过程中，要尽量保持饲料的稳定性。饲料改变时,新换的饲料量要逐渐增加,即先增加少量的新饲料,仍以原先的饲料为主,饲喂一两天后,再增加新饲料的用量,减少原先饲料的用量,如此逐步进行,最终用新饲料完全取代原先的饲料,使肉兔的消化机能与新的饲料条件逐渐相适应。若饲料突然改变,容易引起肉兔的应激反应,尤其是幼兔,造成肉兔的肠胃病,出现采食量下降或绝食现象。

(5)切实注意饲料品质,认真进行饲料调制。饲养过程中,不喂腐烂、霉臭、有毒和农药污染的饲料、饲草,不喂饮污浊的水,要喂新鲜、优质的饲料,供应清洁卫生的饮水。对怀孕母兔和仔兔尤应重视饲料品质,以防引起肠胃炎和母兔流产。要按照各种饲料的不同特点进行合理调制,对青、粗饲料要做到洗净、晾干、切细、拌匀等,以提高适口性和肉兔的食欲,促进消化,达到防病的目的。

有条件的肉兔养殖场最好采用颗粒饲料,尤其规模化的肉兔场,这样可以减少饲养员的工作量,节约饲养成本。饲喂颗粒饲料除符合肉兔的采食习性外,还具有可充分利用青、粗饲料,提高饲料消化率,有利于饲料的保存,减少肉兔感染疾病的机会,有利于添加各种添加剂等优点。

(6)保证充足饮水。水是肉兔生命活动所必不可少的。在饲养过程中,如果水供应不足,就会影响到肉兔的生长发育和生产性能的发挥。肉兔水分的供应一方面来自于所采食的饲料和饲草,另一方面来自于人工供给的饮水,但肉兔从饲料、饲草中获得的水分只能满足其需水量的 $15\%\sim20\%$,其余的水分由人为供应的饮水来满足。因此,在生产过程中,必须保证水分的充足供应,而且所供应的饮水必须清洁卫生。供水量的多少需根据肉兔的年龄、生理状态、季节和饲料特点而定。通常,幼兔生长发育旺盛,需水量要高于成年兔;妊娠母兔需水量增加,母兔产前、产后易感口渴,饮水不足易发生残食或咬死仔兔现象。高温季节的需水量要大,最好保持不间断供水;冬季寒冷地区最好喂温水,以免引起肉兔胃肠炎等消化道疾病,尤其是仔幼兔。饲喂粗蛋白质、粗纤维和矿物质含量高的饲料,其需水量同样也要提高。

近年来,随着肉兔养殖业的迅速发展,大多数兔场均采用自动饮水器,这样既保证肉兔不间断饮到清洁水,又减少了饲养员的工作量,节约了劳动力成本,但在日常管理过程中要注意经常检查饮水器是否漏水或堵塞现象。

2. 肉兔管理的一般原则

(1)注意卫生,保持干燥。肉兔的生物学特性之一就是喜清洁、爱干燥,加之肉兔个体比家畜体型要小得多,其抗病力相对较差。在生产过程中,一定要保持笼舍的清洁卫生和干燥的饲养环境。因此,每天必须打扫笼舍,清除粪便,洗刷饲具,勤换垫草,定期消毒,保持笼舍的清洁、干燥,使病原微生物和寄生虫等无法孳生繁殖,这是增强肉兔体质、预防疾病必不可少的措施。

(2)保持安静,防止骚扰。肉兔是胆小易惊、听觉灵敏的动物。经常竖耳听声,倘有异常的响声,则惊慌失措,在笼内乱窜不安,尤其在分娩、哺乳和配种时影响更大,所以应保持环境安静,在管理中操作应轻巧、细致。同时,还要注意防御敌害(如狗、猫、鼬、鼠、蛇等)的侵袭,避免噪声(如鞭炮声、警笛声等),防止陌生人的突然闯入。在规模化养殖场尤其要做好这方面的工作,一旦受到惊吓,会引起母兔流产、早产,母食仔,甚至会吓死兔子,造成较大的经济损失。

(3)做好夏季防暑、冬季防寒、雨季防潮。肉兔怕热,夏季气温太高,加之规模化养殖时,饲养密度相对较大,兔舍温度较高,容易引起中暑。当兔舍温度超过25℃时,肉兔食欲下降,会影响繁殖。因此,夏季应做好防暑工作,兔舍门窗打开,以利通风降温,兔舍周围可栽高大、叶宽的树林;屋顶上可搭架,牵上葡萄、南瓜或丝瓜等饲料作物,进行遮荫。如气温过高,舍内温度超过30℃时,应在兔笼周围喷洒凉水降温。同时喂清洁饮水,水内加少许食盐,以补兔体内盐分的消耗。有条件的规模化肉兔养殖场最好采用湿帘降温系统。

肉兔虽然不太怕冷,但寒冷对肉兔也有影响。当兔舍温度下降到15℃以下时,就会影响到肉兔正常的生长发育和繁殖;同时,由于肉兔要抵抗寒冷,采食量会有所增加,相应地增加了肉兔的饲料消耗。因此冬季要防寒,要加强保温措施。在做好防寒工作的同时,还要做好通风换气工作,由于规模化肉兔养殖场饲养密度相对较高,尤其是商品肉兔养殖,饲养密度高,兔舍内的有害气体浓度较大,如不及时通风换气,会引起肉兔发生一些疾病,尤其是呼吸系统的疾病。在通风换气时,要注意舍内温度不能骤降。

梅雨季节高温高湿,是病原微生物和寄生虫卵大量繁殖的季节,也是肉兔一年中发病和死亡率最高的季节,此时应特别注意舍内干燥,应勤换垫草,勤扫兔舍地面,在地面上撒石灰或很干的焦泥灰,以吸湿气,保持干燥。

(4)分群分笼管理。为了便于管理,有利肉兔的健康,兔场所有兔群应按品种、生产目的、年龄、性别等,分成公兔群、母兔群、青年兔群、幼兔群等,进行分群分笼管理。对种公兔和繁殖母兔,必须实行单笼饲养;繁殖母兔笼应有产仔室或产仔箱;幼兔可根据日龄、体重大小分群饲养,每群以5～10只为宜;青年兔应公、母兔分笼群养或单笼饲养。肉兔在肥育期可群养,但群体不宜过大,并搞好卫生工作,防止相互咬打。

(5)注意观察,搞好防疫。在管理过程中,一定要做到每天观察兔群健康、食欲、粪便等情况,注意兔的精神状态。平时应做到"四防"、"五及时",确保兔群健康。"四防"是:梅雨季节重点防球虫病,春、秋季注意防感冒和巴氏杆菌病,冬季注意预防仔兔冻伤,常年做好防兔瘟病和防疥癣。"五及时"是:发现疾病及时报告,及时隔离,及时诊断,及时治疗,对传染病及时处理。

(二)各类肉兔的饲养管理

1. 种公兔的饲养管理

(1)种公兔的饲养:饲养种公兔的目的主要是用于配种繁殖,获得数量多、质量好的后代,不断提高肉兔群的品质和生产性能。肉用种公兔质量的高低,直接关系到配种、母兔的受胎率、产仔率、仔兔的成活率等,同时还会影响到后代生长速度、肥育性能的发挥。因此,在生产过程中,所选留的肉用种公兔要求其种用价值高,身体发育很好,体格健壮,性欲旺盛,精液品质优良。种公兔过肥过瘦都不适用于配种。对种公兔自幼就要进行选择和培育。

　　种公兔的配种授精能力,取决于精液的数量和质量。种公兔精液品质的好坏与其营养的供给有着密切的关系,特别是蛋白质、矿物质、维生素等营养物质,对保证精液品质起着重要作用。

　　种公兔每次射精量为 0.4～1.5 毫升,精液除水分外,主要由蛋白质构成。因此,精液的产生与饲料中蛋白质的质量关系最大。蛋白质供应不足时,公兔射精量和精子数显著下降。如平时精液不佳的种公兔,在日粮中补喂鱼粉、蚯蚓粉等动物性蛋白饲料,或豆饼、花生饼以及豆科饲料紫云英、苜蓿、苕子等,可以显著提高其精液的品质,其中动物性蛋白质对于精液的生成和作用有更显著的效果。种公兔日粮中蛋白质的含量一般以 17% 为宜。维生素对精液的品质也有显著影响。例如,种公兔日粮中维生素含量缺乏时,精子的数目少,异常的精子多;小公兔的日粮中如维生素含量不足,生殖器官发良不全,睾丸组织退化,性成熟延迟,若及时补喂青草、南瓜、胡萝卜、大麦芽、菜叶等水溶性维生素充足的饲料或复合维生素后可以好转。矿物质元素对精液品质也有明显的影响,特别是钙缺乏时,会引起精子发育不全,活力降低,公兔四肢无力,日粮中加入 2% 的骨粉、石粉、蛋壳粉或贝壳粉等,就能满足种公兔对钙的需求。磷是核蛋白重要的组成元素,也是精液形成所必需的,日粮中配有一定比例的谷物及糠麸时,一般不会缺乏磷,但应注意钙与磷的比例,日粮中钙磷的比例应为 (1.5～2)∶1。因此,在配制种公兔的日粮时,一定要注意到所配制日粮中蛋白质、微量元素和矿物质等营养成分的含量,同时,可因地制宜,就地取材,但要求饲料营养价值高而全面,容易消化,适口性好。

此外,气温对种公兔精液的形成也有较大的影响,如气温高时,兔的精液品质下降。在高温季节,肉兔的精液中往往无精子,或密度很稀或为死精。

除要注意种公兔的日粮营养全面外,还应注意营养供给的长期性。因为精子的形成需要较长的时间,所以营养物质也需要一个较长时期的均衡补给。虽然饲料的变动对种公兔精液品质的影响很缓慢,但对精液品质不佳的种公兔改用优质饲料来提高其精液品质时,需要 20 天左右的时间才能见效。因此,对一个时期集中使用的种公兔,应注意在 20 天前调整日粮比例。在配种期间,也要相应增加饲料用量。如种公兔每天配种 2 次,在每天的饲料量中需增加 30%～50%的精料量。同时,根据配种的强度,适当增加动物性饲料,以改善精液的品质,提高受胎率。

对于种公兔,自幼就应注意饲料品质,特别是幼年后备公兔,不能饲喂体积过大或水分过多的饲料,以免影响公兔体形和精液品质,降低种用价值。

(2)种公兔的管理:种公兔的管理与饲养同等重要,管理不善,也会影响公兔的配种能力和种用价值。种公兔的管理主要要做好以下几点。

第一,对后备种公兔自幼就要进行选育,3 月龄的青年公、母兔应分群或分笼饲养,尤其是种公兔最好单笼饲养,严防早配乱交。此时不留作种用的公兔,应去势后进行肥育,供商品用。

第二,种公兔达到体成熟后,方可进行配种。一般种公兔的体重达到该品种成年兔体重的 70%时开始配种。初配公兔要进行调教,选择发情正常、性情温驯的母兔与其配种,使其能顺利完成初配。

第三,种公兔宜一兔一笼,以防互相殴斗;而且种公兔笼和母兔笼要保持较远的距离,避免异性刺激,尤其是当母兔发情时,常使公兔焦躁不安,影响公兔的性欲和配种效果。

第四,合理使用种公兔的配种次数。一般青年公兔每天配种1次,壮龄公兔每天配种1～2次,连配2天后应休息1天,当天配2次时,间隔时间应该在6小时以上。如果连续滥配,会使种公兔过早地丧失配种能力,减少使用年限,降低了种公兔的种用价值。配种时,应把母兔捉到公兔笼内进行,因为公兔离开了其所熟悉的环境或者气味不同时都会抑制性活动机能,精力不集中,影响配种效果。

第五,种公兔在换毛期间宜减少配种次数或不配种,因为在换毛期间,毛的生长会消耗较多的营养,导致其体质较差,此时配种会影响兔体健康和受胎率。南方高温季节必要时应停止配种。

第六,长期缺乏运动的繁殖公兔,四肢软弱,会影响种公兔的配种能力。因此,有条件的兔场,应将种公兔放入运动场运动,每周最少运动2～3次,增强体质,提高性欲。

第七,经常检查种公兔生殖器官,发现疾病后,立即停止配种,治愈后再使用,以免将疾病传染给母兔。

第八,配种时要有详细记录,以便观察每只种公兔的配种性能和所生后代的品质,以利于选种选配;好的种公兔除加强饲养管理外,还应充分利用其种用性能,使之繁殖更多更好的仔兔,不断提高兔群的质量。

2. 种母兔的饲养管理

种母兔是整个兔群的基础,饲养好坏直接影响到肉兔养殖的成败。种母兔除了自身生长发育外,还有怀胎、泌乳等负担,因此,种母兔体质的好坏,直接影响到后代,所以在生产过程中一定要做好种母兔的饲养管理工作。在母兔的饲养管理上,应根据其在空怀、妊娠和泌乳三个阶段中的生理的特点,采取相应的措施。

(1)空怀期饲养管理:母兔的空怀期是指仔兔断奶后到下次配种怀孕的这段时期。这个时期的母兔由于在哺乳期间消耗体内大量营养,身体比较瘦弱,需要供应丰富的营养物质来尽快恢复体力,使种母兔能正常发情排卵,以便适时配种受胎。因此在种母兔空怀期间要供给优质青饲料,并适当喂给精料,但要注意这个时期的种母兔不能养得过肥或过瘦。

空怀期母兔所用的饲料,各地可因地制宜,就地取材,夏季可多喂青绿饲料,冬季一般可饲喂优良干草、豆渣、块根类饲料等,再根据营养需要适当补充精料。配种前15天转换成怀孕母兔的营养日粮。

(2)妊娠母兔的饲养管理:母兔从配种怀胎到分娩的这段时期叫怀孕期。在怀孕期间,母兔除维持本身生命活动外,胚胎的生长、乳腺的发育和子宫的增长等方面都需要消耗大量的营养物质。因此,在饲养管理上要供给妊娠母兔全价营养物质,保证胎儿正常发育;母兔交配10天左右要马上进行妊娠检查,确定母兔已经怀孕后,将怀孕母兔集中饲养在同一兔舍同一排或相邻的几排兔笼内,便于对怀孕母兔进行护理,防止流产。妊娠母兔的饲养管理重点是加强怀孕期的营养,防止流产并做好产前的准备和产后护理等工作。

①加强营养:怀孕期间,特别是怀孕后期,供给母兔丰富的全价饲料,一方面使胎儿生长发育正常,另一方面使母兔乳腺发育好,这样产后泌乳量多,所产仔兔发育良好,生活力强;相反,则母兔消瘦,泌乳量减少,仔兔生活力差。尤其是怀孕后期,胎儿处于快速生长发育阶段,增重加快,因此,饲料的数量和质量对胎儿的生长关系很大,要特别注意蛋白质、矿物质饲料的供给。生产中应根据胎儿的发育情况,除逐步增加优质青绿饲料外,还需补充饼粕类饲料、麸皮、骨粉、食盐等含蛋白质、矿物质丰富的全价饲料。临产前 3~4 天要减少精料喂量,应以优质青、粗饲料和多汁饲料为主。

②加强护理,防止流产:母兔流产一般多发生在怀孕后15~20 天内发生。流产与正常分娩一样,也会出现衔草拉毛营巢的现象,但流产的胎儿多被母兔吃掉。为了防止流产,管理上要加倍细心,怀孕母兔应单笼饲养,搞好笼舍卫生,保持干燥。怀孕母兔所喂的饲料质量要好,禁止饲喂腐败、冰冻、发霉变质饲料和饲草,如果同一兔舍内饲养着各类肉兔(如哺乳兔、青年兔、成年兔、公兔、怀孕兔等),应先饲喂怀孕兔,特别是妊娠后期母兔,以免先喂其他兔引起其骚乱而流产。冬季最好喂饮温水,以防水温过低引起腹痛而流产。要正确摸胎,摸胎在 10 天左右进行,摸胎时动作要轻巧。平时不要无故捕捉母兔,特别在怀孕后期要倍加小心。若要捕捉,应该用两只手操作,一手抓颈部,一手托臀部,尽量避免兔体受到冲击,轻拿轻放。兔笼附近不可大声喧哗,保持安静。

③做好产前准备工作:为了便于生产上的管理,有条件的兔场可实施同期配种、同期产仔,将怀孕已达 25 天的母兔调整到同一兔舍内,产前安排专人值班,防止母兔将仔兔产在产仔箱外,或掉到粪、尿沟里冻饿而死亡。兔笼和产仔箱在产前要进行消毒,消毒后的兔笼和产箱应用清水冲洗干净,消除异味,以防母兔乱抓或引起不安。消毒好、晒干的产箱即可放入笼内,然后放入干净、柔软的垫草,让母兔熟悉环境,便于衔草、拉毛做窝。对初产母兔应检查产前表现,如发现不会衔草和拉毛筑窝的母兔,应做好人工辅助工作,用柔软的毛、草做好产窝,分娩前要准备好饲料和饮水,以备母兔分娩后喝。因为分娩后的母兔又渴又饿,如事先未准备好饮水和饲料,母兔就会被迫残食仔兔。冬季室内要保温,夏季要防暑、防蚊。

④产后护理:母兔分娩过程很短,通常只需 20～30 分钟。仔兔连同胎衣一并产出,母兔将脐带咬断,吃掉胎衣,舔净仔兔身上的羊水和血液后,仔兔即可吃奶。母兔产后,要整理好产仔箱,清除污染的垫草和死胎,并用兔毛盖好仔兔。对产前没有拉毛的母兔,可人工帮助拉毛,拉毛有三个作用:第一,拉毛可刺激乳腺分泌乳汁,泌乳量增多;第二,拉下的兔毛可以做暖窝,避免初生仔兔受冻死亡;第三,拉毛后可使母兔乳头充分暴露,有利于仔兔找到奶头吃奶。产后要注意预防母兔乳房炎和仔兔的黄尿病。

(3)哺乳母兔的饲养管理:母兔从分娩到仔兔断奶这段时间称为哺乳期。此阶段主要的饲养目标是保证母兔健康和泌乳量高,保证仔兔正常生长发育,少得病,增重快,成活率高。哺乳期的母兔每天可分泌乳汁 60～150 毫升,高产的母兔日泌乳量可

达 150～250 毫升,甚至高达 300 毫升。乳汁的蛋白质含量为
10.4%,脂肪达 12.2%,乳糖 18%,灰分 2.0%。哺乳母兔维持
自身的生命活动,每天都要消耗大量的营养物质,而这些营养物
质,又必须从饲料中获得。如果喂给的饲料量不足、品质低劣或
营养水平达不到要求时,就会使哺乳母兔得不到充足营养,从而
动用大量的体内贮存物质,相应地会影响母兔的健康和产奶量。
因此,哺乳母兔应增加饲料量。除喂给新鲜的青绿、多汁饲料
外,还应补加一些精料和矿物质饲料,如豆饼、麸皮、豆渣以及食
盐、骨粉等。此外,母兔乳汁中大部分是水分,必须供给充足清
洁的饮水,以满足哺乳母兔对水分的要求。

　　管理上,每天要清扫兔笼舍,更换污染的垫草,对饲喂的食
槽、饮水用具要每天洗刷干净,保持清洁卫生,定期消毒兔笼和
饲喂用具。有的母兔产后不给仔兔喂奶的,可采用人工强迫母
兔喂奶,将母兔抓住放入产仔箱内,不让母兔跳出产仔箱外,仔
兔便会自动寻找奶头吃奶,这样强迫几次,母兔便会自动去喂奶
了。同时,要经常检查母兔的泌乳情况,仔细检查母兔的乳房、
乳头,如发现乳房有硬块、乳头红肿,要及时进行治疗。

3. 仔兔的饲养管理

　　从出生到断奶这段时期的小兔称为仔兔,初生仔兔的体重
一般在 45～65 克。这一阶段的仔兔生理机能尚未发育完全,适
应外界环境的调节机能还很差,抵抗力差,而生长发育迅速,在
正常发育情况下,生后 1 周的仔兔体重比出生体重增加 1 倍。
一般肉兔的断奶日龄为 28～35 天。因此,对仔兔的饲养管理要
十分细致认真,要根据仔兔不同阶段的特点,做好每一个环节的

饲养管理工作,稍有疏忽都可能造成损失。

　　根据仔兔的生长发育特点,可分为睡眠期和开眼期两个生理阶段。在两个阶段的饲养管理上也各有特点,其目的是提高仔兔的成活率,增加断奶体重。

　　(1)睡眠期仔兔的饲养管理:仔兔出生时眼睛是闭着的,一般到 12 天左右才睁开眼,这一段时期称为睡眠期。刚出生的仔兔全身无毛,眼睛封闭,耳孔闭塞,生后 4～5 天才开始长出茸茸细毛,在此期间每天除吃奶外,几乎全部时间都在睡眠,睡眠期的仔兔只要能吃饱奶、睡好,就能正常生长发育。此阶段饲养管理重点如下。

　　①早吃奶,吃足奶:母乳是仔兔出生后生长发育所需要营养物质的来源。母兔的乳汁中含有高蛋白质、高能量及仔兔所需要的维生素等营养物质,适合仔兔生长快、消化力弱的生理特点,可以满足仔兔生长发育的需要。仔兔早吃奶还有助于胎粪的排出,同时,初乳中含有大量的母源抗体,可以增加仔兔的抗病能力,虽然仔兔出生前可以通过母体胎盘获得一部分免疫抗体,但是从母乳中增加免疫球蛋白含量仍然十分重要。所以让仔兔早吃奶、吃足奶是减少仔兔死亡、提高仔兔成活率的重要环节。实践证明:这一阶段的仔兔如不能早吃奶、吃足奶,不仅生长发育缓慢,而且体弱多病,死亡率高。因此,在仔兔出生后6～10 小时,必须检查母兔哺乳情况,检查仔兔是否吃饱。如发现仔兔没有吃到奶,要及时让母兔喂奶。

　　仔兔生下后就会吃奶,母性强的母兔,也能很好哺喂仔兔。仔兔吃饱时,安睡不动,腹部圆胀,肤色红润,被毛光亮;饥饿时,仔兔在窝内很不安静,到处乱爬,皮肤皱缩,腹部空瘪,肤色发暗,被毛枯燥无光,如用手触摸,仔兔头向上窜,"吱吱"嘶叫。因此,对睡眠期的仔兔,每天检查哺乳情况,是仔兔饲养管理的基本工作。但是在生产实践中,初生仔兔吃不到奶的现象常有发生,这时就必须查明原因,针对具体情况,采取相应的措施。

a. 强制哺乳:有些母性不强的母兔,特别是初产母兔,产仔后不会照顾自己的仔兔,甚至不给仔兔哺乳,如不及时处理,则会导致仔兔死亡。遇到这种情况,必须及时采取强制哺乳的措施,将母兔固定在产仔箱内,使其保持安静,将仔兔分别安放在母兔的每个乳头旁,嘴顶母兔乳头,让其自由吮乳,每日强制4～5次,连续进行3～5天,母兔便会自动喂乳。

b. 调整仔兔:通常每只肉兔可哺喂6～7只仔兔,但在生产实践中,有些母兔产仔数多,有些母兔产仔头数少。产仔多的母兔乳汁不够供给仔兔,导致仔兔营养不足,生长发育迟缓,体质衰弱,容易患病死亡;产仔少的母兔母乳过剩,仔兔吃奶过量,容易引起消化不良,甚至腹泻死亡。在这种情况下,应根据具体情况对仔兔进行合理调整,或淘汰多余而弱小的仔兔。可根据母兔泌乳的能力,对同时分娩或分娩时间先后不超过1～2天的仔兔进行调整,先将仔兔从产仔箱内拿出,按体型大小、体质强弱分窝,将其放入带仔母兔的产仔箱内,使仔兔充分接触,经1～2小时后,再将产仔箱放回母兔笼内;或者在仔兔身上涂上被带母兔的尿液或少量乳汁,令其气味一致,以防母兔咬伤或咬死不是该母兔所生的仔兔。同时要注意母兔哺乳情况,防止意外事情发生。调整仔兔时,必须注意:两个哺乳母兔和它们的仔兔都是健康的。

在育种场或种兔场,为了防止因调整仔兔而扰乱血统,培育出合格的种兔，对所寄养的仔兔要做好标记，可以给被带仔兔耳根部系上不同颜色的线，系线时不宜过紧，以免影响生长，并做好记录。毛色不同的品种兔间互相寄养可防止混淆。

c. 全窝寄养：一般是仔兔出生后母兔死亡，或者良种母兔要求频繁配种时所采取的措施。寄养时应选择产仔少、乳汁多、同时分娩或分娩时间相近的母兔。寄养的方法和要求与调整仔兔相同。

d. 人工哺乳：如果仔兔出生后母兔死亡，母兔无奶或患有乳房方面的疾病不能喂奶，又不能及时找到寄养母兔时，可以采用人工哺乳的措施。人工哺乳的工具可用玻璃滴管、注射器、塑料眼药水瓶，在管端接一乳胶自行车气门芯即可，使用前应当煮沸消毒。人工哺乳可采用鲜牛奶、羊奶或炼乳（按产品说明稀释），所用的奶水不宜过浓，以防仔兔消化不良。人工哺乳前对奶水进行煮沸消毒，冷却到37～38℃时再喂，每天1～2次。喂饲时要耐心，在仔兔吸吮的同时轻压橡胶乳头或塑料瓶体，但不要滴得太快，以免误入气管，也不能喂得过多，以吃饱为限。喂量和浓度可通过观察仔兔粪尿情况来判断。粪多而又腥臭，表明喂量过多；垫草潮湿，尿多，表明人工乳太稀；粪球干硬呈颗粒状，表明人工乳太浓，这时应酌情调整喂量和浓度，直到粪尿正常为止。

e. 防止吊乳："吊乳"是养兔生产中常见的现象之一，是指母兔在哺乳时突然跳出产仔箱而将仔兔带出的现象。其主要原因是母兔乳汁少，仔兔没有吃饱，较长时间吸住母兔的乳头，母兔离巢时将正在吃乳的仔兔带出产仔箱外；或者母兔哺乳时，受到骚扰，引起惊慌，突然跳出产仔箱。吊乳出来的仔兔，如不能及时放回产仔箱内,容易受冻或被踏死,所以饲养管理上要特别小心。当发现有吊乳出来的仔兔时,应立即将仔兔送回产箱内,并查明原因,及时采取措施。如是母兔乳汁不足引起的吊乳,应调整母兔日粮,适当增加饲料量,多喂青绿多汁饲草,并补以营养价值高的精料,以促进母兔分泌出质好量多的乳汁,满足仔兔生长发育的需要。如果是管理不当引起的惊慌离巢,应加强管理工作,积极为母兔创造哺乳所需的环境条件,保持母兔舍的安静。如果发现巢外的仔兔受冻发凉时,可将受冻仔兔放入自己的怀里取暖,或将仔兔全身浸入 40℃温水中,露出口鼻呼吸,或用热毛巾等包裹把受冻仔兔放在装有 40~45℃的热水袋上取暖。只要发现得早,抢救及时,不论采用上述哪种方法,10 分钟后便可救活仔兔,待皮肤红润后揩干身体放回产仔箱内即可。

②加强管理:由于刚出生的仔兔全身无毛,一个星期后的仔兔体表才长出一层白色绒毛,睡眠期的仔兔对外界环境的适应能力差、抵抗力弱,因此,对这个时期的仔兔一定要加强管理。冬春寒冷季节一定要做好防寒保暖工作,夏秋炎热季节要做好防热、防蚊工作。生后 1 周内的仔兔容易遭受老鼠的伤害,平时要防鼠害、兽害,设法消灭老鼠,防止野狗、野猫、蛇等进入兔场。要认真做好清洁卫生工作,稍一疏忽就会感染疾病,尤其要防止仔兔发生黄尿病和感染球虫病。仔兔发生黄尿病的主要原因是哺乳母兔患有乳房炎,其乳汁中含有葡萄球菌,仔兔吃了这种乳汁后而发生急性肠炎。预防此病的方法是防止母兔发生乳房炎,如母兔已患有乳房炎,应立即治疗。仔兔感染球虫病的原因是母兔自身带有球虫卵囊,其所带的球虫卵囊量可能还没有达到母兔发生球虫病所要求的数量,但球虫排出的毒素经母体血

液循环至奶中,可使仔兔消化不良,拉稀、贫血、消瘦,死亡率很高。因此,平时要注意笼内外清洁卫生,保持垫草的清洁与干燥,及时清除粪便,经常消毒并清洗或更换笼底板,室内要保持通风干燥,在球虫病高发期间,可在饲料中添加一些抗球虫药。

对初生仔兔应及时做好性别鉴定,以便淘汰多余的公兔。通常肉兔每胎选留6～7只仔兔,这样既有利于仔兔的生长发育和提高成活率,同时又可获得个体大而健壮的小兔。多余的仔兔可以调整或淘汰,切勿多留。此外,晚上应取出产仔箱,放在安全的地方,实行母子分开管理。

(2)开眼期仔兔的饲养管理:仔兔从开眼到断奶这一段时期称为开眼期。仔兔开眼的早晚与发育有关,发育良好的仔兔,一般在11～12天就开眼;仔兔若在生后14天才开眼,体质往往较差,容易生病,要对它加强护养。

仔兔开眼后,表现非常活跃,会在产仔箱内活蹦乱跳,数日后跳出产仔箱,叫做出巢。出巢的早晚与母兔的泌乳情况有关,母乳少的早出巢,母乳多的晚出巢。此时,由于仔兔体重日渐增加,母兔的乳汁已不能满足仔兔的需要,常紧追母兔吸吮乳汁,所以开眼期又称追乳期。这个时期的仔兔要经历从完全依靠母乳提供营养逐渐转变为依靠采食饲料和饲草为主的过程。由于仔兔的消化器官仍未发育健全,如果转变太突然,容易引起消化道疾病而死亡。在这段时期,饲养管理重点应放在仔兔的补料和断奶上,做好这项工作,就可以促进仔兔健康生长。

①抓好仔兔补料:一般肉兔出生后16天,就应该开始补料,此时,可喂给少量易消化且富有营养的饲料。22～26日龄时,可喂少量配合饲料,并在饲料中拌入矿物质、维生素、氯苯胍等,

以增强体质,减少疾病发生。仔兔胃容积小,消化力弱,但生长发育快,需要营养多,根据这一特点,在饲喂过程中要少喂多餐,均匀饲喂,逐渐加量。一般每天饲喂5~6次。在开食初期以吃母乳为主,饲料为辅;到30日龄时,则逐渐转变为以饲料为主,母乳为辅,直到断乳。这一过程要逐渐进行,使仔兔逐步适应,才能获得良好的效果。一般情况下,母仔同笼饲养,共同采食,会显得很拥挤,体格较小的肉兔会吃不到饲料,所以要增加食槽,并要做好训练饮水工作。

②抓好仔兔的断奶:仔兔通常在28~35日龄时断奶。过早断奶,仔兔的肠胃等消化器官还没有发育成熟,对饲料的消化能力差,生长发育会受影响。在不采取特殊措施的情况下,断奶越早,仔兔的死亡率越高。但断奶过迟,仔兔长时间依靠母兔乳汁来维持,将影响其消化道中各种酶的形成,也会导致仔兔生长缓慢。同时,对母兔的健康和每年繁殖次数也有直接影响。

仔兔断奶时,要根据全窝仔兔体质强弱来定。若全窝仔兔生长发育均匀,体质强壮,可采用一次断奶法,即在同一日将母仔分开饲养。母兔在断奶2~3日内,只喂青料,停喂精料,使其停奶。如果全窝仔兔体质强弱不一致,生长发育不均匀,可采用分期断奶法。即先将体质强的分开,体弱者继续哺乳,经数日后,视情况再行断奶。断奶时应采用捉走母兔,仔兔继续留在原笼饲养,以防环境骤变,对仔兔产生不利的影响。

③抓好仔兔的饲养管理:仔兔开食时,往往会误食母兔的粪便,极易染上球虫病、消化道疾病或其他疾病。在仔兔开食和断奶期间,为了避免仔兔误食母兔粪便,保证仔兔健康和发育正常,应实行母仔分开饲养,定时哺乳的办法。在仔兔开眼前,母

兔泌乳性能好的,每天哺乳 1 次,到追乳期每天哺乳 2 次,间隔 12 小时。同时,可在仔兔的饲料中添加氯苯胍和喹乙醇,氯苯胍对球虫病有良好的预防作用,喹乙醇对巴氏杆菌有预防侵袭作用,并能促进仔兔的生长发育,效果较好。

仔兔开食后,粪便增多,要常换垫草,保持产仔箱内清洁干燥,也可洗净或更换产仔箱。如果产仔箱内潮湿,既不利于保温,也不利于仔兔健康。同时要经常检查仔兔的健康情况,可通过观察仔兔的耳色,判断仔兔的营养状况。如耳色桃红,表明营养良好;如耳色暗淡或苍白,说明营养不良。耳温也是仔兔健康状况的标志,耳温过高或发凉,均属病态,要及时治疗。

仔兔在断奶前要做好充分准备,如断奶仔兔所需用的兔舍、食具、用具等应事先进行洗刷与消毒。断奶仔兔的日粮要配合好。

在断奶期间,必须做好免疫注射,尤其是兔瘟疫苗的接种,对断奶仔兔皮下注射 1 毫升兔瘟疫苗。有经验的养兔户或养兔单位,仔兔一断奶即进行免疫注射,这已形成了习惯。

4. 幼兔和青年兔的饲养管理

从断奶到 3 月龄的兔称幼兔。这个阶段的幼兔生长发育快,抗病力差,要特别注意护理,否则,发育不良,易患病死亡。

断奶仔兔必须饲养在温暖、清洁、干燥的地方,以笼养为佳,也可群养。笼养时每笼 3~4 只,群养时 8~10 只组成小群。饲喂由麸皮、豆饼等配成的体积小、易消化吸收、营养水平高的全价精饲料、优质青饲料或优质干草为宜。所喂饲的草料要清洁新鲜,带泥的青草,要洗净晾干后再喂。喂时要掌握少喂多餐,青料每天 3 次,精料每天 2 次,间隔饲喂,同时根据每次采食后是否剩料来决定喂料量,并可在精料中拌入防球虫病药物,也可单喂。仔兔断奶后即开始换毛,此时体内代谢旺盛,需要营养较多,所以喂料量要相应增加,并要精心饲喂,注意防寒保温,否则易引起呼吸道和消化道疾病而死亡。

3～6 月龄的兔称青年兔。青年兔采食量大,生长发育快。在饲喂上要增加青、粗饲料量,适当补充矿物质饲料。在管理上要加强运动,使其得到充分发育。青年兔已开始发情,为了防止早配,必须将公兔、母兔分开饲养。对 4 月龄以上的公兔要进行选择,凡合乎条件的留作后备种兔,实行单笼饲养,加强选育。凡不宜留种的公兔,要及时淘汰作为商品肉兔去群饲。

5. 肥育兔的饲养管理

肉用家兔产肉性能较高,发展肉兔生产是解决人类肉食品的有效途径之一。家兔育肥是为了在宰前的短时间内迅速增加产肉量和改善肉质,以提高养兔生产的经济效益。

(1)肥育原理:肉兔肥育原理,一方面增加营养的储积,另一方面减少营养的消耗,以使同化作用在短期内大量地超过异化作用,也就是肉兔食入的营养物质除了用于维持生命活动外,还有大量营养储积体内,形成肉与脂肪。

(2)育肥兔的来源:用于育肥兔的来源有两种,一种是专门用于育肥的幼兔;另一种是淘汰的种兔。在规模化肉兔生产过程中,一般使用专门的肉兔品种或肉兔配套系,作为肉用兔的品种有新西兰兔、加利福尼亚兔、比利时兔、德国花巨兔、日本大耳兔和哈白兔等,近年来又引进了德国的齐卡配套系、法国的布列塔尼亚配套系和法国的伊拉配套系等,这些肉兔品种或配套系都表现出了十分良好的产肉性能,饲养到 90 天左右即可屠宰,兔肉鲜嫩,口味好。但是这些配套系也存在着制种成本较高,饲养的集约化程度要求严格的问题,在广大农村大面积推广尚有难度,如果利用这些配套系中的快速生长系与我国的某些地方当家品种,如新西兰兔等进行二元杂交生产商品兔,则在短时期内就能取得很明显的经济效益。对于其他品种也可以通过育肥来改善兔肉品质,一般来说,肉用兔品种和兼用兔品种育肥效果都比皮用兔品种好,毛用兔育肥效果最差。幼兔育肥一般不去势。一般种兔场淘汰的幼兔或中兔以及种兔群淘汰的成年种兔,可以通过一个时期的肥育再出售,但中兔和成年兔育肥之前需去势,因为去势后,体内代谢、氧化作用均降低,有利家兔屯积脂肪,同时又可降低育肥兔每增重 1 千克体重所消耗的饲料量。去势的成年兔育肥后可提高兔肉品质,提高育肥效果。

(3)肥育技术

①肥育饲料:由于构成肉和脂肪的主要原料是蛋白质、脂肪和淀粉,因此育肥时,必须以精料为主,在育肥兔的消化吸收能力的限度以内充分供给精料。规模化商品肉兔生产最好使用全价的颗粒饲料,发挥优良肉兔品种或配套系早期生长快的优势,缩短饲养周期,提高饲料报酬,降低饲养成本,增加经济效益。

为了避免饲料变换得太快,在育肥以前应先有一段 10～15 天的准备期,在这个阶段逐渐变换饲料成分,开始时以原先的饲料为主,先增加少量新饲料,饲喂一两天后,再增加新饲料,最终完全用新饲料取代原先的饲料,使肉兔的消化机能与新的饲料条件逐渐相适应。

②合适的饲养方式:育肥兔可饲养在只可容身的小笼内或木箱内,在温暖、安静、较暗的环境内饲养;也可采用群养的方式饲养,群养时可根据具体情况,确定群养兔只的多少,采用幼兔育肥,最好将公母兔分开饲养。同一群的肉兔应尽量是同窝仔兔,如果不是同窝合群,也应选择日龄相同的肉仔兔并群,同时在同一群中,体重、体质应尽量均等,这样有利于饲养管理和促进肉兔的生长发育。在条件允许的情况下,每群以20~30只为宜,这样便于管理。群养可以采用地面平养或高架平养。地面平养时一定要注意防潮湿。规模化饲养时,最好采用小笼饲养和群养的方式。

③加强饲养管理:规模化肉兔生产时,最好采用"全进全出制",即在一个肉兔养殖场中,同一幢或几幢兔舍同一时间内只饲养同一周龄的肉用肥育兔,以后在同一天出售。出售以后一段时间兔舍内没有肥育兔,可对兔舍进行彻底的清洗消毒,这样下一批肥育兔就有一个清洁的环境,降低疾病的发生率。商品肉兔群养必须实行全进全出,这样不仅有利于饲养管理,而且也有利于防止兔群发病,提高成活率。

在肥育期间,除了进行科学的饲养管理外,还要限制肥育兔的运动,减少光照,保持兔舍内安静,以利于肥育和改善兔肉品质。但由于肥育兔缺少运动和光照,身体抵抗力比较差,容易患病,因此,要特别注意环境卫生。

(三)不同季节的饲养管理要点

肉兔生产的整个过程都与外界环境条件紧密相连。不同的环境条件对肉兔的影响不同,而我国的自然条件,不论在气温、雨量、湿度还是饲料的品种、数量、品质,都有着显著的地区性和季节性的特点。因此,不同季节养兔就应根据肉兔的习性、生理特点和季节地区特点,采取相适应的科学饲养管理方法,才能确保肉兔健康,促进肉兔业的发展。

1. 春季

我国南方春季多阴雨,湿度大,适于细菌繁殖,是饲养肉兔最不利的季节,肉兔发病率和死亡率最高,尤其是幼兔。这个季节虽然各种野草开始萌芽生长,都处在幼嫩阶段,饲草中水分含量高,干物质含量相对较低。肉兔经过一个冬季饲养,体况一般都较差,身体比较瘦弱,又处于换毛时期。因此,春季在饲养管理上应注意防湿、防病。

(1)注意饲料质量和营养:在饲喂方面应让肉兔吃饱、吃好。在饲喂全价饲料的同时,要饲喂优质青绿饲料,注意不喂带泥或堆积发热的青绿饲料,更不可喂霉烂变质的饲料。在阴雨多、湿度大的情况下,要少喂含水分高的青饲料,多喂一些干粗饲料。下雨以后割的青草,要洗净晾干后再喂。为了增强肉兔的抗病能力,可在饲料中拌入一定量的大蒜、葱等,以减少和避免消化道疾病的发生。对换毛阶段的肉兔,应增加喂给蛋白质含量较高的饲料,以及优质鲜嫩青绿饲料。

(2)搞好环境卫生:春季温度升高,湿度较大,各种病原微生物和寄生虫的大量繁殖对肉兔养殖业是一种严重威胁。因此,笼舍要保持清洁干燥,每天应勤打扫、勤消毒、勤清洗,做到舍内无臭味,无积粪污物。食具、笼底板、产箱要常洗刷和消毒。兔舍内通风良好,地面可撒上草木灰、石灰粉,借以消毒、杀菌和防潮湿。

(3)加强检查:每天做到勤检查,尤其要检查幼兔的健康情况,发现问题及时处理。春季早晚温差较大,幼兔极易患感冒、肺炎等疾病,严重时会引起死亡,所以特别要做好幼兔的管理工作。

(4)抓好配种繁殖:春季温度适宜,阳光充足,是肉兔配种繁殖的好季节,要特别注意观察和检查母兔发情症状,做到适时配种,不漏配。

我国北方春季温度适宜,雨量较少,多风干燥,阳光充足,比较适于家兔生长、繁殖,是饲养家兔的好季节。因此,在这个季节要抓紧大量饲养、繁殖肉兔。

2. 夏季

夏季高温多湿,经常出现闷热天气,再加之肉兔汗腺不发达,全身又被毛覆盖,排汗散热能力很差,炎热侵袭后,其呼吸次数增加,食欲降低,容易患疾病和中暑,仔兔和幼兔的死亡率较高。在饲养管理上应该注意以下几方面。

(1)防暑降温:兔舍应当阴凉通风,不能让阳光直接照射在兔笼上,可在兔舍上边搭凉棚,四周种植丝瓜、南瓜、豇豆、葡萄等,让其在屋顶上蔓延、遮荫,以防阳光直射。兔舍门窗敞开,加大通风面积,让其空气对流。有条件的可安装电扇、空调或湿帘等降温设施,驱散室内热气,降低温度。当舍内温度超过30℃时,可在地面泼些凉水降温,同时要降低饲养密度。

(2)精心喂饲:夏季中午炎热,肉兔大多卧伏不动,食欲缺乏,采食和活动集中在夜间,因此,饲喂时间和饲喂数量需加以调整,做到早餐早,中餐精而少,晚餐饱,夜间多喂青饲料,供给充足清洁凉水,并在饮水中加入 $1\%\sim2\%$ 的食盐,以补充体内盐分的消耗;饲料中亦可适当加入一些预防球虫的药,如氯苯胍或磺胺药物等。夏天气温高,湿度大,饲料极易发霉变质,每次喂料前要将上次剩下的饲料清除干净。

(3)搞好卫生:夏季蚊蝇孳生,寄生虫和病原微生物繁殖传播快,易引起疾病流行,造成仔兔和幼兔大批死亡,因此,要做好兔舍内外的清洁卫生工作,及时清理粪尿,食盆和水盆每天洗涤一次,笼内要勤打扫,地面要用消毒药水喷洒,自动饮水器、笼舍要定期消毒,并经常消灭蚊、蝇和老鼠,以控制传染病发生。配合饲料中可拌入切碎的洋葱、大蒜、韭菜等抗菌植物,做好疾病的预防工作。

(4)停止繁殖:夏季高温期间,肉兔体质下降,母兔发情不明显,公兔精液品质低劣,会影响配种受胎率,出生的仔兔体质较弱。因此,除降温措施好的肉兔养殖场外,其他养殖场在盛夏季节应该停止繁殖,使公、母兔的体力得到恢复,以利秋季更好地生产。

3. 秋季

秋季天高气爽,气候干燥,饲料充足,是肉兔生长和繁殖的好季节,因此应加强饲养管理,抓紧繁殖。成年兔秋季又进入换毛期,换毛期的肉兔体质较弱,食欲下降,此时应多供应青绿饲料,并适当增喂蛋白质高的饲料。到了中晚秋,早晚温差大,容易引起仔、幼兔患感冒、肺炎和肠炎等疾病,严重的会造成死亡。

最好是在夏末秋初使母兔配种怀孕,这样不仅秋季可繁殖,而且饲养良好的幼兔在春节前即可出栏,可减少因早春饲料缺乏给养兔造成的压力,降低饲养成本,增加经济效益。

4. 冬季

冬季气温低,日照短,缺乏青绿饲料,尤其是在北方,因此冬季饲养管理上应注意防寒保暖。兔舍中的温度应保持平衡,不可忽高忽低,否则肉兔易得感冒。虽然肉兔耐寒,但耐寒能力有一定限度,如果气温降到5℃以下时,肉兔就会不适应。尤其是气温突然下降时,肉兔极易发病。气温在0℃以下,要加强保温措施,室内笼养的兔舍门窗要关闭,只留适当的朝阳窗户或排气孔通风,保持兔舍内干燥,防止形成低温高湿状况;室外笼养的笼门要挂上草帘,进行保温。白天应使肉兔多晒太阳,夜间严防贼风侵入。肉兔为了适应低温环境,通常加强机体的代谢,以产生更多的热能来维持体温,故在冬季要喂些能量高的饲料,同时喂量要适当增加,以提高肉兔的御寒能力,忌喂冰冻饲料。同时,冬季昼短夜长,而肉兔又有夜行性及夜间采食习惯,故必须特别注意投喂饲料和饲草,并增加饲喂量。冬季青饲料少,应设法每天喂一些青绿饲料或菜叶、胡萝卜,以补充维生素。同时注意低温下以饮温水为宜,千万不能喂冰冻水。

(四)饲养方式

目前,家庭肉兔养殖场饲养肉兔的方式主要有笼养和栅养。大多数家庭肉兔养殖场采用笼养方式。

1. 笼养

就是将肉兔关在笼内饲养。这是饲养方式中最好的一种，国内外的养兔场和养兔户大多数采用这种饲养方式，特别是对种用肉兔。这种饲养方式的优点：肉兔的生活环境可人为地加以控制，饲喂、繁殖和防疫等比较方便，有利于肉兔品种的繁殖改良，提高肉兔的生长速度、饲料报酬和兔肉质量。缺点是造价较高，饲喂和打扫卫生等较费工。

采用笼养时，兔笼可以单个或成列排放，可单层或多层组装，可在舍内或舍外进行饲养。

室内笼养，就是将兔笼放置在房舍内饲养肉兔。这种方式便于夏季防暑、冬季防寒和雨季防湿，平时防敌害。各地均可采用。

室外笼养，就是在露天放置兔笼，笼顶加盖，笼内养兔。这种方式的通风效果好，但防暑、防寒、防雨和防敌害等不如室内笼养。

2. 栅养

就是在室外或室内筑圈栅，将肉兔群圈养在栅内饲养。也可以室内和室外相结合，室内的小圈与室外的圈栅相通，白天肉兔在室外圈栅内采食活动，晚上将肉兔赶回室内小圈。这种方式适合于饲养小群商品肉兔。

为了保持圈栅内的清洁卫生，圈内场地应每天打扫，室内铺的垫草要勤换，定期进行消毒。有条件的养殖场，最好是在地面上铺上隔粪板，或把底网架高，进行网上平养。

（五）日常管理技术

1. 捉兔方法

在日常的饲养管理过程中，捕捉肉兔是最常用的技术。捕捉的方法正确与否，对肉兔的健康、保胎等关系极大。正确的捉兔方法是既能使肉兔保持安定，又不对兔子和操作者造成伤害。操作时，首先在头部用手顺毛轻抚兔体，然后等兔较为安静不再奔跑时，用手从头部往兔体方向，顺势将兔子的双耳按压在颈后部，抓住颈后皮肤，另一只手托住兔子的臀部，重力应放在托住臀部的手上，并使兔子靠近操作者（见图5-1）。初学养兔的人，抓兔时往往习惯抓耳朵，但肉兔的耳部是软骨，神经密布，血管很多，不能承受全身重量，尤其是体重在5～6千克，这样抓兔极易造成双耳拉伤，两耳下垂。捕捉肉兔时也不能倒提后腿，这是因为兔善于向上跳跃，不习惯于头部向下，如果倒提的话，则易发生脑充血。若抓提肉兔的腰部，则会伤及内脏；体重较大的肉兔，如只抓一部分皮肤，容易使肌肉与皮肤脱离，对兔的生长、发育都有不良影响。

2. 年龄鉴别

要想准确了解肉兔的真实年龄，必须查档案记录。在没有记录时，可以根据肉兔的眼神、齿和爪的状况来大概估计年龄。青年兔眼神明亮，行动活泼；老年兔眼神颓废，行动迟缓。肉兔的门齿和爪随年龄增长而加长，是年龄鉴别的重要标志之一。

图 5-1　捉兔方法

青年兔门齿洁白短小,排列整齐;老年兔门齿长、宽、厚,颜色稍暗,排列不整齐,有时有破损。幼兔、青年兔的爪短,相对较直,多隐在脚毛中,长短也比较整齐;而老年兔的爪露出于脚毛之外,长而弯曲,且爪尖钩曲,年龄越大越不整齐(见图 5-2)。对于白色肉兔来说,爪基部呈红色,尖端呈白色,1 岁左右的肉兔红色与白色长度基本相等;1 岁以下,红色多于白色;1 岁以上,白色多于红色。另外,肉兔皮薄而紧的为青年兔,厚而松的为老年兔。

图 5-2　不同年龄兔的脚爪
(左图为青年兔的脚爪;右图为老年兔的脚爪)

3. 性别鉴定

初生的仔兔,主要根据仔兔阴部孔洞的形状及其与肛门之间的距离的远近来鉴别公、母兔。阴部孔洞扁而略大,大小与肛门相近,与肛门距离较近的是母兔;孔洞圆形且略小于肛门,与肛门距离较远的是公兔。

开眼后的仔兔可通过检查外生殖器的形状来鉴别公、母兔。用一只手抓住仔兔背部皮肤,腹部向上,另一只手食指和中指夹紧兔尾,大拇指向上轻轻推开生殖器,阴部呈"O"形、圆柱状凸出者为公兔;呈向外稍突的"V"形,即呈尖叶形,且接近肛门者为母兔。

幼兔和青年兔的公母鉴别比较容易,可根据有无阴囊进行鉴别。

4. 编耳号

为了便于管理、选种选配和做好良种记录,在仔兔断奶时必须进行编号。肉兔编号最适宜的部位是在耳内侧部。耳号编制的内容一般应包括品种或品系代号、家系代号、出生年度、个体号等。为便于区别性别,公兔个体号可编单数号,母兔编双数号,且公兔编在左耳,母兔编在右耳。肉兔的编号应根据兔场的性质、育种要求统一设计,不要轻易变更。常用的编号方法有针刺、钳刺和耳标法三种,前一种方法在生产上用得较少,后两种方法用得较多,但耳标法成本相对要高些。

(1)针刺法:在兔耳血管少的地方用蘸上醋墨(醋墨是由普通墨汁和食醋按5:1的比例混合后,加温熬制约20分钟后制成)刺字。

（2）钳刺法：根据耳号在耳号钳（见图 5-3）内配好应刺的号码，用酒精将兔耳消毒，然后在兔耳上钳压，最后再在打上数码的兔耳上涂抹醋墨，经数日后变成永不褪色的蓝字。

（3）耳标法：耳标有金属和塑料两种。事先将所编耳号冲压或刻划在耳标上，打耳号时直接将耳标卡在兔耳上即可，印有号码的一面在兔耳内侧。耳标具有使用方便、防伪性能好、不脱落等特点，并且可根据自己兔场的需要印上品牌商标（见图 5-4）。

图 5-3　耳号钳

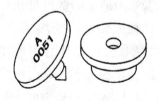

图 5-4　耳标

★成功实例

　　江苏省徐州市有一个农民自己投资办了肉兔养殖场,办场初期,由于该农民对肉兔的生活习性不熟悉,在饲养管理上存在不少问题。如用于繁殖的种公兔在配种前,没有调整公兔的日粮,日粮中的蛋白质含量偏低,而且公兔与母兔没有分开饲养,导致公兔性欲不旺盛,公兔的精液品质不好,配种受胎率不高;繁殖母兔在怀孕期间,仍然打针接种疫苗,导致部分母兔流产;在肉兔市场好的情况下,用乳猪料饲喂幼兔和青年兔,导致幼兔和青年兔拉稀死亡;冬季为了给幼兔保温,将兔舍门窗关得严严实实,也不通风换气,兔舍内气味难闻、刺眼,大部分肉兔打喷嚏,患上了鼻炎;最终该养殖场当年不但没有盈利,而且亏损了不少。第二年,该农民总结了前年经验教训,一方面向专家请教,另一方面自学肉兔养殖知识,及时调整饲养管理措施,在饲养管理过程中,完全按照肉兔的生活习性,进行科学的饲养管理,种公兔的精液品质大幅度提高、性欲旺盛,母兔受胎率高,母兔产仔数多,仔兔成活率高,幼兔和青年兔患病率低。当年该养殖场不但把前年亏损的部分补上,而且还盈利了一些。目前,该养殖场不但规模比较大,而且带动了当地的农民饲养肉兔,形成了区域生产。

六、怎样选择与建设肉兔养殖场

布局合理的肉兔养殖场、结构良好的兔舍和完善的设备是肉兔生产的重要物质基础,它与肉兔的饲养管理、卫生防疫、提高劳动效率等都有着密切的关系。在设计兔场和兔舍建筑时,要根据肉兔的生活习性、饲养规模和当地的具体情况选择场址和制定好笼舍的结构,以确保肉兔健康地生长和繁殖,有效地提高其产品的数量和质量,从而获得尽可能好的经济效益。

(一)肉兔的环境要求及控制

1. 肉兔对环境的要求

肉兔的环境是指影响肉兔生长、发育、繁殖和生产等一切外界因素的统称。这些外界因素有自然因素和人为因素。具体来说,肉兔的环境包括作用于家兔身体的一切物理性、化学性、生物性和社会性环境。物理性环境包括兔舍、笼具、温度、湿度、光照、通风、灰尘、噪声、海拔和土壤等。化学性环境包括空气、有害气体和水等。生物性环境包括草料、病原体、微生物等。社会环境包括饲养、管理以及与其他家畜或有害兽的关系等。

　　由于家兔驯化比较晚,再加之个体较小,各种感觉器官都非常灵敏,神经敏锐,对环境变化的反应非常敏感,非常容易发生应激反应,因此,环境好坏对肉兔生产有着很大的影响。不同的环境因素,对肉兔生产的作用方式和影响程度也不同。例如,在肉兔生产中,经常发生作用的环境因素有温度、湿度、噪声、草料、饮水、有害气体、病原微生物等,对肉兔生产的影响就表现在不同的方面。温度过高,会引起公兔和母兔繁殖机能下降;温度过低时,如果没有做好保暖工作,容易引起仔、幼兔的大量死亡。噪声会导致肉兔产生应激反应,从而引起代谢紊乱,严重时甚至会引起健康兔的死亡和妊娠母兔流产、化胎。草料质量的好坏直接影响到肉兔的生长、发育和健康状况。病原微生物的存在有可能引起肉兔发病,严重时甚至全军覆没,对肉兔生产造成极大的损失。当然,影响肉兔的环境因素的作用并不仅仅表现在某一个方面,各因素相互之间存在着协同作用,对肉兔生产产生综合影响。

　　因此,了解和掌握肉兔对环境因素的要求,可以有目的地对这些因素加以控制,尽可能减少这些因素对肉兔生产的影响,有助于做好肉兔养殖场的选址、设计和兔舍建筑工作,从而为肉兔创造适宜的环境,有利于肉兔生产中饲养管理工作。常见的环境因素有温度、湿度、光照、有害气体、噪声及卫生条件等。

　　(1)温度:肉兔是恒温动物,其正常体温一般保持在38.5～39.5℃。最适宜肉兔生长和繁殖的环境温度,初生仔兔为30～32℃,成年兔为15～20℃。温度对肉兔来说是一个很重要的环境因素,直接影响到肉兔的生长发育、性成熟、繁殖及饲料利用率等方面。

肉兔生活在适宜温度条件下，机体处于最佳生理状态，从而表现出良好的生产性能。实践证明，当环境温度达32℃以上时，会引起肉兔食欲下降，消化不良，性欲降低和繁殖困难。如果环境温度持续在35℃以上，肉兔极易中暑死亡。相对而言，肉兔能耐受低温和寒冷，即使在严寒的条件下，成年兔也能在开放式兔舍中安全越冬，但会影响其生长发育和繁殖，增加饲料消耗。成年肉兔在低于5℃或高于30℃时都会感到不适应，并严重影响生产性能的发挥。初生仔兔体温调节能力很差，体温常随环境温度的变化而变化，到开眼（10～12日龄）时体温才能保持恒定，因此，环境温度过高或过低均会对仔兔产生危害。

（2）湿度：空气湿度是指空气中含有的水气。在肉兔生产中，普遍采用相对湿度来衡量空气的潮湿与干燥程度。相对湿度百分率越高，表明空气中的湿度越大。

湿度往往伴随着温度对肉兔产生影响。但不管在什么季节，兔舍内的湿度过大，对肉兔的生产都极为不利。高温高湿和低温高湿对肉兔都有不良的影响。在高温季节，舍内的湿度过大，会降低兔体蒸发散热的功能，从而影响到肉兔的采食和健康，这对肉兔的生长发育、繁殖等生产性能的发挥极为不利，尤其对公兔的影响更大，会大大降低公兔的精液品质，严重时会引起肉兔中暑。此外，在高温高湿条件下，由于肉兔皮肤的水分难以蒸发而变得湿润、肿胀，皮孔、毛孔变窄而被阻塞，导致皮肤抵抗力降低，同时，高温高湿的环境非常有利于真菌、细菌和寄生虫的大量繁殖，因此，肉兔容易患疥癣、脱毛癣、湿疹等皮肤病。在低温高湿的环境中，空气的导热性大大加强，这就加速了兔体的散热，也就是越湿越冷，特别是仔兔和幼兔更难以忍受。同时,在低温高湿的环境中,肉兔容易患感冒、咳嗽、气管炎及风湿病等疾病。在气温适宜时,兔舍内湿度过大,有利于真菌、细菌和寄生虫繁殖,从而容易导致肉兔发生各种疾病,影响肉兔的生长、繁殖及其经济效益。此外,湿度过高,会使舍内有害气体大量积存,这对肉兔的危害很大。因此,高湿时,要采取一些措施来降低兔舍内的湿度,为肉兔的生长发育和生产性能的发挥提供适宜的生活环境。

肉兔适宜饲养在干燥的环境条件下,兔舍内相对湿度应尽量保持恒定,以 60%～65%为宜。如兔舍内相对湿度低于 55%时,会引起肉兔呼吸道黏膜干裂、细菌病毒感染等。

(3)空气卫生:肉兔是敏感性很强的一种动物,胸腔小,对有害气体的耐受能力比其他家畜低,因此,要求兔舍内空气清洁、新鲜、卫生。兔舍内空气成分会因通风状况、肉兔数量与密度、舍温、微生物数量与作用等的变化而变化,特别是在通风不良时,容易使兔舍内有害气体的浓度升高。肉兔在舍饲的情况下,本身会呼出二氧化碳,排出的粪尿或被污染的垫草也会发酵产生一些有害气体,主要有氨气、硫化氢等。这些有害气体浓度的高低,直接影响到肉兔的健康。因此,在一般舍饲条件下,舍内有害气体允许的浓度:氨(NH_3)<30 立方厘米/立方米、二氧化碳(CO_2)<3 500 立方厘米/立方米、硫化氢(H_2S)<10 立方厘米/立方米和一氧化碳(CO)<24 立方厘米/立方米。

肉兔对氨气特别敏感,在潮湿温暖的环境中,没有及时清除的兔粪尿,细菌会分解产生大量的氨气等有害气体。兔舍内温度越高,饲养密度越大,有害气体浓度越大。肉兔对空气成分比对湿度更为敏感,空气中的氨气被兔子吸进后,先刺激鼻、喉和支气管黏膜,引起一系列防御呼吸反射,并分泌大量的浆液和黏液,使黏膜面保持湿润,由于黏膜面湿润,氨气又正好溶解于其中,变成强碱性的氢氧化氨而刺激黏膜,从而造成局部炎症。当兔舍内氨气浓度超过 20～30 立方厘米/立方米时,常常会诱发各种呼吸道疾病、眼病,生长缓慢,尤其可引起巴氏杆菌病蔓延。当舍内氨气浓度达到 50 立方厘米/立方米时,肉兔呼吸频率减慢,流泪和鼻塞;达到 100 立方厘米/立方米时,会使眼泪、鼻涕和口涎显著增多。肉兔对二氧化碳的耐受能力比其家畜要低得多。据研究,当兔舍内二氧化碳含量增加到 50%时能引起一般家畜死亡,而兔舍内其含量达到 25%时,就会出现肉兔死亡。因此,控制兔舍内有害气体的含量,对肉兔的健康生长十分重要。家庭肉兔养殖场在建造兔舍时要开窗户和设通风洞,加强空气对流,以排除舍内污浊空气,夏季兔舍内通风的最大风速为 0.5 米/秒,冬季最大风速不超过 0.1 米/秒。同时对兔舍要勤打扫、勤冲洗,尽量减少粪尿在兔舍内的滞留时间;此外,在兔舍的粪沟内撒一些过磷酸钙,也可降低兔舍内氨的浓度。

(4)光照:光照可以提高兔体新陈代谢,增进食欲,使红细胞和血红蛋白含量有所增加。光照还可以使肉兔表皮里的 7-脱氢胆固醇转变为维生素 D_3,维生素 D_3 能促进兔体内的钙磷代谢。但肉兔是夜行性动物,不需要强烈的光照,且光照时间也不宜过长,而且肉兔对光照的反应远没有对温度及有害气体敏感,适宜的光照有助于提高肉兔的新陈代谢,增进食欲。生产实践表明,光照对生长兔的日增重和饲料报酬影响较小,而对肉兔的繁殖性能和肥育效果影响较大。据试验,繁殖母兔每天光照 14～16 小时,可获得最佳繁殖效果,接受人工光照的成年母兔的断奶仔兔数要比自然光照的多 8%～10%。而公兔害怕长时间光照,如每天给公兔光照 16 小时,会导致公兔睾丸体积缩小,重量减轻,精子数量减少。因此,公兔每日光照以 8～12 小时为宜。另据试验,如每日连续 24 小时光照,会引起肉兔繁殖机能紊乱。仔兔和幼兔需要光照较少,尤其仔兔,一般每天 8 小时弱光即可。肥育兔每天光照 8 小时。

此外,光照还影响到肉兔季节性换毛。阳光能够杀菌,并可使兔舍干燥,有助于预防兔病。在寒冷季节,阳光还有助于提高舍温。

一般肉兔适宜的光照强度约为 20 勒克斯。繁殖母兔需要的光照强度要大些,可用 20～30 勒克斯,而肥育兔只需要 8 勒克斯。

目前,小型肉兔养殖场一般采用自然光照,兔舍门、窗的采光面积约占地面的 15%,即能满足肉兔的生理需要;集约化兔场多采用人工光照或人工补充光照。

(5)噪声:噪声能对动物的听觉器官、内脏器官和中枢神经系统造成病理性变化和损伤。根据测定,120～130 分贝的噪声能引起动物听觉器官的病理性变化,130～150 分贝的噪声能引起动物听觉器官的损伤和其他器官的病理性变化,150 分贝以上的噪声能造成动物内脏器官发生损伤,甚至死亡。肉兔胆小怕惊,无规律的噪声极易引起肉兔不安,在笼中乱窜、碰撞而发生损伤;突然的噪音可引起妊娠母兔流产或胚胎死亡数增加,哺乳母兔拒绝哺乳,严重时会咬死自己所生的仔兔。因此,肉兔养殖场在兴建兔舍时,一定要远离高噪音区,同时避免猫狗的惊扰,尽量保持舍内安静。

(6)灰尘:兔舍中的灰尘有飘浮的大量尘埃、饲料粉尘、垫草、土壤微粒、被毛和皮肤的碎屑等,直径 0.1~10 微米。其中在 5 微米以下的危害最大。细小微粒物所引起的危害可以是急性的,也可以是长期作用产生慢性中毒。这些物质除对呼吸道有直接物理性刺激和致病作用外,更可成为病原体的载体,对病原体起到保护和散布作用。兔舍空气中微生物含量与灰尘含量高度相关,许多细菌不是形成灰尘微粒的核,而是由灰尘所载。空气中微生物主要是大肠杆菌、小菌以及一些霉菌等,在某些情况下,也载有兔瘟病毒等。兔舍空气中微生物浓度与灰尘浓度趋势一致,也受舍内温度、湿度和紫外线照射的影响。其中对肉兔健康有重大影响的是生物性颗粒物,其中包括尘螨、动物皮毛尘、真菌等。这些生物主要存活于灰尘中,其中 1 克灰尘甚至可附着 800 只螨虫。空气中的灰尘含量因通风状况、舍内温度、地面条件、饲料形式等而变化。

(7)卫生条件:兔场、兔舍的卫生条件直接影响肉兔的生长发育、繁殖生产。卫生条件的控制,除与日常管理有关外,在一定程度上还取决于兔舍、兔笼的设计和建造的合理性,如隔离条件具备与否,清洁、消毒的便利程度等。

2. 家庭肉兔养殖场的环境控制

(1)温度的控制:为了充分发挥肉兔的生产性能,提高成活率,在肉兔生产中,就必须根据不同的季节特点,采取相应的措施,加强对环境温度的控制,为其提供适宜的生活温度。

①建好保温隔热的兔舍。一个兔舍保温隔热质量的好坏,会影响到舍内外温度差异的高低。因此,在建兔舍时,要选择导

热系数小、保温性能好的建筑材料,并确定屋顶和墙体适宜的厚度,使兔舍具有良好的保温隔热性能。

据观察,兔舍内的热主要是经屋顶、顶棚、通风换气、墙壁、地面、门窗而散失。其中,由于屋顶面积大,以及热空气密度小,紧靠屋顶,故屋顶失热较多。屋顶不仅起到挡风、遮雨、遮阳的作用,在寒冷地区主要还有保温隔热作用,因此,建造兔舍的屋顶时,要选好材料,确定适宜厚度,铺设保温层。保温层的材料可选用加气混凝土板、玻璃棉、泡沫塑料板等。在兔舍内吊天花板,使其与屋顶之间形成一个稳定的空气缓冲层,以降低高温季节外界的热量进入舍内和寒冷季节舍内的热量散失到外界。为了节省开支,还可采用草屋顶、芦苇顶或秸秆加抹草泥屋顶。

在建墙体时,也要选用导热性小的建筑材料,以提高其保温性能,同时要使墙体不透空气和水气。目前我国多用砖砌墙建造兔舍,砖的来源广,保温性较好,还可防兽害,较为理想。在我国北方寒冷地区为了保温,南方炎热地区为了隔热,均可适当加厚墙体。发达国家采用新型保温材料和新工艺制墙,如将波形铝板—防水板—聚乙烯膜组合建墙,或在铝板间填充玻璃纤维保温层,其保温隔热效果均十分理想,但造价较高。

在建造兔舍时,要注意门窗的设置。在寒冷地区,兔舍北侧、西侧应少设门窗,并选保温的轻质门窗,最好安双层窗,门窗要密合,以防漏风;最好不要用钢窗,因为钢窗传热快,而且不耐腐蚀。在炎热地区,应南北设窗,并加大面积,便于通风和采光。

在建造兔舍时,要建好地面,不仅要注意选材、设计,还要注意施工,使之密合,而且要注意地面的隔热、保温及耐冲刷、防潮、易干燥、易消毒等。目前兔舍地面多采用水泥地面。国外也有用复合结构的保温地面,或用陶土混凝土地面,效果较好,但造价较高。

此外,在地势较高、地下水位低的地区,可建地下兔舍。这是利用地下温度较恒定的特点,将兔舍建成半地下式,这样既保暖又隔热,冬暖夏凉。据四川省阿坝州的测定资料,地上温度-6℃时,地面2米以下的温度可达15~16℃,而且早、中、晚相近。在山区,也可在山坡上掏洞建兔舍。

②在冬季寒冷时要做好保温防寒工作。在冬季寒冷时,做好兔舍的防寒保温工作,是降低饲料消耗,提高营养物质利用率和发挥肉兔生产性能的有力措施。除了在建筑兔舍上进行保温隔热设计和加强防寒管理之外,还须附加一定的供暖设施。

地处寒冷地区的大型兔舍可采用锅炉、热风炉等集中供暖,通过管道将热水、蒸汽或预热后的空气送到舍内或舍内的散热器。局部供热可采用火炉、电热器、保温伞、红外线灯、火炉、火墙等产热,供个别兔舍(如产仔间)取暖。

中小型兔场兔舍多采用火炉、火墙或地龙等供暖。这种方式简便易行,但热能的利用率不高。较大型兔场也有的采用水暖和气暖。

兔舍供暖受到能源和费用的制约。开辟新的能源,如利用太阳能、天然温泉或利用兔粪尿生产沼气,为兔舍提供便宜的能源,对于能源严重匮乏的人口大国,具有十分重要的意义。

③在夏季炎热时要做好防暑降温工作。在我国长江以南地区炎热的夏季,做好兔舍的防暑降温工作,是提高肉兔繁殖潜力和发挥其生产性能的有力措施。除了在建筑兔舍时选择好的建筑材料和隔热设计之外,还可采取一些防暑降温措施来降低舍

内温度。

夏季防暑降温,可在兔舍两边栽上高大的阔叶树木,也可在兔舍上边搭凉棚,四周种植瓜、豆、葡萄等,以防阳光直射。门窗敞开,加大通风面积。气温高时,可在屋顶和地面上洒些凉水,通过水的蒸发吸热降温,也可在兔笼内放些用凉水浸泡的砖头、石板等,起降温作用。有条件的可安装电风扇、空调等降温设施。

如果是密闭式兔舍,在兔舍内送风口用高压喷嘴将低温的水呈雾状喷出,当空气与雾滴接触时,由于热交换,水滴吸收空气中的热量而蒸发,从而降低兔舍内的温度。喷出的水温越低,冷却效果越好;空气越干燥,冷却效果越理想。这种方法最适合干热地区,在湿热条件下不宜采用。除此之外,在盛夏季节,养兔场还可因地制宜采取其他降温措施,如长毛兔在高温季节可适时剪毛等。

(2)湿度的控制:由于过高的湿度会对肉兔带来比较大的危害,因此在生产过程中,面对湿度过大的环境条件,可以采取以下措施使兔舍内保持干燥。

第一,严格控制用水。尽量不要用水冲洗兔舍内的地面和兔笼。地面最好用水泥制成,并且在水泥层的下面再铺一层防水材料,如塑料薄膜等,这样可以有效地防止地下的水汽蒸发到兔舍内。兔子的水盆或自动饮水器要固定好,防止兔子拱翻水盆或损坏自动饮水器,搞湿兔舍和兔笼。

第二,坚持勤打扫。每天要及时将兔粪尿清除出兔舍,最好每天打扫2次。笼下的承粪板和舍内的排粪沟,要有一定的坡度,便于粪尿流下,尽量不让粪、尿积存在兔舍内。

第三,保持良好的通风。肉兔每小时所需的空气量,按其体重计算,每千克活重为 2～8 立方米;根据不同的天气和季节情况,空气的流速要求 0.15～0.5 米/秒。兔舍的通风要根据舍内的空气新鲜程度灵活掌握。如果兔舍内湿度大、氮气浓时,要加快空气流通,以保持兔舍内空气新鲜。

第四,根据天气情况开关门窗。当舍内温度高、湿度大、闷气时,要多开门窗通风;天气冷、下大雨、刮大风时,要关好门窗,防止凉风、雨水侵入舍内。此外,冬季通风时,要注意舍内的温度,最好在外界气温较高(室内外温差较小)时通风。

第五,撒吸湿性物质。在梅雨季节或连日下雨,空气湿度很大,当采用以上措施效果亦不明显时,可在兔舍内地面上撒干草木灰或生石灰等吸湿。在撒之前,事先要把门窗关好,防止室外的湿气进入舍内。

(3)控制有害气体的措施:通风是控制兔舍内有害气体的关键措施。一般兔舍在夏季可打开门窗自然通风,也可在兔舍内安装吊扇进行通风,同时还可以降低兔舍的温度。冬季兔舍要靠通风装置加强换气,天气晴朗、室外温度较高时,也可打开门窗进行通风;密闭式兔舍完全靠通风装置换气,但应根据兔场所在地区的气候、季节、饲养密度等,严格控制通风量和风速。如有条件,也可使用控氨仪来控制通风装置进行通风换气。这种控氨仪,有一个对氨气浓度变化特别敏感的探头,当氨气浓度超标时,会发出信号。如舍内氨的浓度超过 30 立方厘米/立方米时,通风装置即自行开动。有的控氨仪与控温仪连接,使舍内氨气的浓度在不超过允许水平时,保持较适宜的温度范围。在肉兔生产中,除了通过通风来有效地控制兔舍内有害气体的浓度之外,还必须及时清除兔的粪尿,防止兔舍内水管、饮水器的漏水或兔子将水盆打翻，要经常保持兔舍、兔笼板、承粪板和地面的清洁干燥。

（4）光照的控制：光照分人工光照和自然光照，前者指用各种灯光，后者一般指日照。开放式和半开放式兔舍一般采用自然光照，要求兔舍门窗的采光面积应占地面面积的 15% 左右，阳光入射角不低于 25°～30°。在短日照季节还可以人工补充光照。密闭式兔舍完全采用人工光照，室内照明要求光照强度达到 75～300 勒克斯。给肉兔供光多采用白炽灯或日光灯，以白炽灯供光为佳，既提供了必要的光照强度，而且耗电较少，但安装投入较高。光照时间和光照强度由人工控制。光照时间的长短只需通过按时开关灯来加以控制，一般光照时间为明暗各 12 小时或明 13 小时、暗 11 小时。控制光照强度一般有两种方法，一种是安装较多的功率相同的灯泡，开关分为两组，一组控制单数灯泡，一组控制双数灯泡，需要光照强度大时，两组同时开；需要光照强度小时，只开一组开关。另一种是灯泡数量按能使舍内光线比较均匀的要求设置，需要光照强度大时，装上功率大的灯泡，平时装上功率小的灯泡。在生产中一般多采用后一种方法。不管采用哪种方法控制光照强度，均要求人工供光时光线分布均匀，每平方米不低于 4 度。

（5）噪声的控制：由于噪音对肉兔的危害很大，因此兔舍一定要远离高噪声区，如公路、铁路、工矿企业等，尽量保持舍内安静，同时，要避免狗、猫等的惊扰。肉兔的噪音标准经常参考人的标准，即不超过 85 分贝（dB）。

（6）灰尘的控制：为了减少兔舍中灰尘与微生物的含量，兔舍应尽量避免使用土地面；防止舍内过分干燥；如饲喂粉料时，要将粉料充分拌湿;同时,兔舍要适当通风。此外,在兔舍周围种植草皮,也可使空气中的含尘量减少5%。

(7)绿化:绿化具有明显的调温调湿作用,特别是阔叶树,夏天能遮荫,冬天能挡风,因此,绿化不仅可以改善兔场小气候环境,净化空气,而且可以起到防疫、防火和美化环境等作用。

兔场周边种植乔木和灌木混合林带,场区设隔离林带,以分隔场内各区;道路两旁绿化。在靠近建筑物的采光地段,不应种植枝叶过密、过于高大的树种,以免影响兔舍采光。生产实践证明,绿化工作搞得好的兔场,夏天可降温3~5℃,相对湿度可提高20%~50%。种植草地可使空气中的灰尘量减少5%左右。

(二)兔场设计与建筑

1. 兔舍设计的原则

(1)最大限度地适应肉兔的生物学特性。兔舍设计应"以肉兔为本",充分考虑肉兔的生物学特性。肉兔有啮齿行为,喜干燥、怕热耐寒,因此,应选择地势高燥的地方建场,兔笼门的边框、产仔箱的边缘等凡是能被肉兔啃到的地方,都应采取必要的加固措施,如选用合适的、耐啃咬的材料。

(2)有利于提高劳动生产率。兔舍设计不合理将会加大饲养人员的劳动强度,影响工作情绪,从而降低劳动生产率。通常,兔笼设计多为1~3层,室内兔笼前檐高45厘米左右,如果过高或层数过多,极易给饲养人员的操作带来困难,影响工作效率。

（3）满足肉兔生产流程的需要。肉兔的生产流程因生产类型、饲养目的的不同而异。兔舍设计应满足相应的生产流程的需要，不能违背生产流程进行盲目设计，要避免生产流程中各环节在设计上的脱节或不协调、不配套。如种兔场，以生产种兔为目的，应按种兔生产流程设计建造相应的种兔舍、测定兔舍、后备兔舍等；商品兔场则应设计种兔舍、商品兔舍等。各种类型兔舍、兔笼的结构要合理，数量要配套。

（4）综合考虑多种因素，力求经济实用。设计兔舍时，应综合考虑饲养规模、饲养目的、肉兔品种等因素，并从自身的经济承受力出发，因地制宜、因陋就简，不要盲目追求兔舍的现代化，要讲究实效，注重整体合理、协调。同时，兔舍设计还应结合生产经营者的发展规划和设想，为以后的长期发展留有余地。

2. 场址的选择

选择兔场场址，除应注意有适宜、充足的饲料基地外，还要考虑肉兔的生活习性及建场地点的自然和社会条件。一个比较理想的场址应具备以下几方面条件。

（1）地势高燥、平坦：兴建兔场应选择地势高燥、平坦，背风向阳，地下水位低（2 米以下），排水良好的地方，最好以沙质土壤为宜，因为沙质土壤透水、透气性好，容易保持兔场干燥，可防止病原菌和寄生虫卵等的生存、繁殖。为便于排水，兔场地面要平坦或稍有坡度（以 1%～3% 为宜）。

（2）水源充足、卫生：水源和水质应作为兔场场址选择的一个重要因素，因为兔场在生产过程中，除保证肉兔的正常饮水外，饲料用水、清洁用水等的需要量都很大，因此兔场附近必须有水量充足、水质良好的水源。要求水质清洁无异味,不含有毒物质、过多的杂质、细菌、寄生虫和过量的无机盐。水源还应便于防护,取用方便,无污染。此外,在选择场址时,还要调查是否有因水质不良而出现过某些地方性疾病等。较理想的水源是自来水和卫生达标的深井水;江湖河泊中的流动活水,只要未受生活污水及工业废水的污染,稍作净化和消毒处理,也可作为生活用水。

(3)交通方便,配套完善:兔场应选择在相对隔离、环境比较安静、交通方便的地方。不能靠近公路、铁路、港口、车站、采石场等,还应远离屠宰场及有污染的工厂。此外,为便于卫生防疫,兔场应距离村镇至少 300 米、离交通干线 200 米、离一般道路 100 米以外,以便形成卫生缓冲带。兔舍间距至少 50 米。

(4)充足的电源:兔场的照明、饲料的加工等都需要用电。如今的城市郊区和农村一般都能解决电源,但在较为偏僻的地区可能电力不足。建议在电力不足的偏僻地区可以利用沼气发电,即建一个沼气池,将兔粪倒入池内经发酵产生沼气而提供电源,粪渣又可喂鱼,或作为其他肥料,经济实用。

(5)杜绝污染周围环境:肉兔生产过程中形成的有害气体及排泄物会对大气和地下水产生污染,因此兔场不宜建在人烟密集和繁华地带。

(6)牧草基地:场地的面积,除了建筑兔舍和办公用房等外,最好还要有一定面积的牧草种植基地。有了牧草基地,可以保证种兔常年不断青,既培育了优良种兔,又可以降低饲养成本。若肉兔全部以全价饲料(粉料或颗粒料)方式饲喂,也应适当安排青饲料基地,因为在母兔繁殖期间,能补充饲喂青绿多汁料,可促使母兔分泌乳汁,使仔兔生长良好。

3. 如何建兔场

当前农村养兔一般都具有一定规模,饲养量都在百只以上,像以前那种以木头、竹片钉几只活动兔笼的情况,已不能适应形势,这就需要建立一个小型肉兔养殖场。建场时必须注意以下几个方面。

(1)兔场必须与住房分开,建在住房的下风向,避免兔场的粪尿气味直接吹入住宅区。

(2)场址尽量选择地势稍高、排水良好、四周环境较为宽敞的地方。这还要结合当地的土地资源,灵活掌握。

(3)根据养兔户的经济条件、养兔规模、兔种情况和办场方向,再统筹规划,尽量做到既科学又实用。

(4)小型肉兔养殖场最好建成四合院式,四边墙既是围墙,又是兔舍。在南边或东边墙开出门道,旁边建一间工作室,中央为敞开的天井。整个兔场能较好地通风透光,清洁卫生,管理方便,造价低廉,也很安全。还可以避免人员的来往,有利于防疫。

(三)兔舍建筑

1. 对兔舍建筑的要求

(1)根据兔场的总体规划和经济条件设计兔舍。对种兔舍的建造一般要求好一些,要求建筑材料在寒带具有良好的保温性能,在热带和亚热带有良好的隔热性能。对商品肉兔一般可建简易兔舍,造价要低廉,可因地制宜,因陋就简,就地取材。

(2)兔舍建筑的方向要朝南,冬季要避免西北风的吹袭,夏季要有利于通风。并且要靠近水源和饲料地,也要注意与其他家畜有一定的间隔距离,以利于卫生防疫。

(3)兔舍的窗户朝南面开得宜大而高,以垂直方向为好。向北面开的窗户宜小一些,窗户框架最好用木结构,有利于保温。钢窗虽然传热快,但比较牢固,有利于防止兽、鼠的侵入。在窗户上是否需要安装纱窗,根据兔场经济条件决定,但是在种兔场的繁殖兔舍,最好安装活动式的纱窗,夏季能防蚊蝇的叮咬。

(4)兔舍的门要结实、保温、关闭严密,能防野兽和老鼠的侵入。大门采用两扇式门,门向外开。大门要有一定的宽度,便于饲料和车辆的出入。

(5)兔舍的地面要平整、防潮、耐洗涮,最好是水泥地面。中央走道和出粪道的地面均要有一定的坡度,使地面向粪尿沟一侧倾斜。

(6)舍内的粪尿沟一般在兔舍的后檐下面,其宽度约30厘米,使各层笼内的粪尿和污水都能落入沟内,粪尿沟一定要有坡度,向粪坑方向倾斜。沟的表面要平滑,便于粪尿能快速流出。在粪尿沟出口处需安装一个网状闸门,以防野兽和狗、猫从洞口进入兔舍。

(7)兔舍的房顶大多采用人字形,条件较好的,可在屋顶上安装玻璃天窗,增加舍内的光照。也有的在屋顶脊梁处再建上小钟楼,南北开活动式气窗,不仅增加了舍内光照,也加强了空气流通。建造房顶的外层材料一般都选用砖瓦,在内层材料的选用上,要考虑到保温和节约开支。这里要特别注意的是,若用芦苇或秸秆做内顶,经常会成为鼠、蛇、鸟的窝穴之地,危害甚大。因此,内顶要设法用石灰泥土抹平,而且要坚固。兔舍的墙壁大多采用砖砌,在北方可以加厚些,以利保温。所用的材料可以就地取材,也有的地区用石头或土坯砌墙,经济实用。

2. 兔舍类型

兔舍类型主要依饲养目的、方式、饲养规模和经济承受能力而定。目前随着我国规模化养兔业的发展,肉兔养殖已摈弃过去的散养或圈养等粗放饲养模式,改用笼养。笼养具有便于控制肉兔的生活环境,便于饲养管理、配种繁殖及疫病防治等优点,是值得推广的一种饲养模式。这里介绍几种以笼养为前提的兔舍建筑。

(1)室外兔舍:室外兔舍实际上又是兔笼,一面或两面无墙,兔笼后壁相当于兔舍墙壁。根据兔笼排列又可分为单列式和双列式两种。

①单列式兔舍:兔笼正面朝南,利用三个叠层兔笼的后壁作为北墙。采用砖混结构,单坡式屋顶,前高后低,屋檐前长后短,屋顶、承粪板采用水泥预制板或石棉瓦,屋顶可配挂钩,便于冬季悬挂草帘保暖。为适应露天条件,兔舍地基要高,最好前后有树木遮荫。这种兔舍的优点是结构简单,造价低廉,通风良好,管理方便,夏季易于散热,有利于幼兔生长发育和防止疾病发生。缺点是舍饲密度较低,单笼造价较高,不易挡风雨,冬季繁殖仔兔有困难(见图6-1)。

②双列式兔舍:室外双列式兔舍的中间为工作通道,通道两侧为相向的两列兔笼。兔舍的南墙和北墙即为兔笼的后壁,屋

架直接搁在兔笼后壁上,墙外有清粪沟,屋顶为"人"字形或钟楼式,配有挂钩,便于冬季悬挂草帘保暖。这类兔舍的优点是单位面积内笼位数多,造价低廉,室内有害气体少,湿度低,管理方便,夏季能通风,冬季也较容易保温。缺点是易遭兽害,缺少光照(见图 6-2)。

　　总之,室外兔舍利多于弊,特别适合于中、小型兔场和专业户采用。

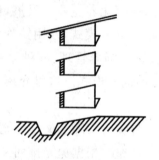

图 6-1　室外单列式兔舍

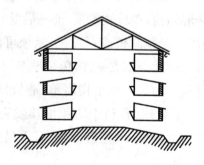

图 6-2　室外双列式兔舍

　　(2)室内兔舍:室内兔舍四周墙壁完整,上有屋顶("人"字形、钟楼式或半钟楼式),南、北墙均设窗户和通风孔,东、西墙有门,连接通道。根据兔舍跨度大小和舍内通风设施情况,可设单列、双列、四列或四列以上兔笼。

　　①单列式兔舍:兔笼列于兔舍内的北面,笼门朝南,兔笼与南墙之间为工作走道,与北墙之间为清粪道。这类兔舍的优点是通风良好,管理方便,有利于保温和隔热,光线充足。缺点是兔舍利用率低(见图6-3)。

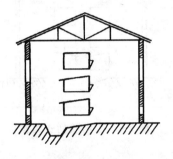

图 6-3　室内单列式兔舍

　　②双列式兔舍:室内双列式兔舍有两种类型,即"面对面"和"背靠背"类型。"面对面"的两列兔笼之间为工作走道,靠近南北墙各有一条粪沟;"背靠背"的两列兔笼之间为粪沟,靠近南北墙各有一条工作走道。这类兔舍的优点是通风透光良好,管理方便,温度易于控制,但朝北的一列兔笼光照、保暖条件较差。同时由于空间利用率高,饲养密度大,在冬季门窗紧闭时有害气体的浓度也较大(见图6-4)。

　　③多列式兔舍:室内多列式兔舍结构与双列式兔舍类似,但

跨度加大,一般为 8～12 米。这类兔舍的特点是空间利用率大。安装通风、供暖和给排水等设施后,可组织集约化生产,一年四季皆可配种繁殖,有利于提高兔舍的利用率和劳动生产率。缺点是兔舍内湿度较大,有害气体浓度较高,肉兔易感染呼吸道疾病。在没有通风设备和供电不稳定的情况下,不宜采用这类兔舍。

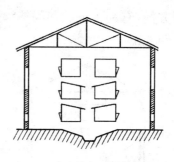

图6-4 室内双列式兔舍

(3)封闭式兔舍:封闭式兔舍四周有墙无窗,舍内的通风、温度、湿度和光照完全靠相应的设备由人工控制或自动调节,并能自动喂料、饮水和清除粪便。这类兔舍的优点是生产水平、劳动效率较高,能获得高而稳定的增重速度,有效控制饲料的消耗量,并且有利于防止各种疾病的传播。缺点是一次性投资较大,运行费用较高。国外主要应用于种兔饲养和集约化的商品肉兔生产,国内尚无该类兔舍。

（四）兔笼建造

兔笼一般要求造价低廉，经久耐用，便于操作管理，并符合肉兔的生理要求。设计内容包括兔笼的规格、结构及总体高度等。

（1）兔笼规格：兔笼大小，应按肉兔品种、类型和年龄的不同而定，一般以肉兔能在笼内自由活动为原则。种兔笼比商品兔笼大些，室内兔笼比室外兔笼略小些。国外兔笼的尺寸多为 50 厘米×60 厘米×30 厘米。一般公兔、母兔和后备种兔，每只所需面积 0.25～0.4 平方米，育肥肉兔为 0.12～0.15 平方米。

目前在生产中还出现一种母、仔共用的兔笼，由一大一小两笼相连，中间留有一小门。平时，门关闭，便于母兔休息，哺乳时，小门打开，母兔跳入仔兔一侧（见图 6-5）。

（2）兔笼构件：主要由笼壁、笼底板、承粪板和笼门等构成。

①笼壁：可用砖块或水泥板砌成，也可用竹片、钢丝网或铁皮等钉成。采用砖砌或水泥预制件，必须预留承粪板和笼底板搁肩，搁肩宽度以 3～5 厘米为宜；采用竹、木栅条或金属板条，栅条宽以 15～30 毫米，间距 10～15 毫米为宜。笼壁必须光滑，慎防造成肉兔外伤。用竹片制作时，光面向内；砖砌的，需用水泥粉刷平整。

②笼底板：是兔笼最重要的部分，若制作不好，如间距太大，表面有毛刺，极易造成肉兔骨折和脚皮炎的发生。笼底板一般采用竹片或镀锌钢丝制成。钉制笼地板用的竹片要光滑，竹片

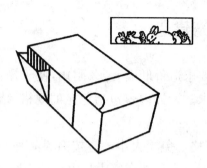

图 6-5　母仔共用兔笼

宽 2.2~2.5 厘米,厚 0.7~0.8 厘米,竹片间距 1~1.2 厘米,竹片钉制方向应与笼门垂直,以防肉兔脚形成向两侧的划水姿势。用镀锌钢丝制成的兔笼,其焊接网眼规格为 50 毫米×13 毫米或 75 毫米×13 毫米,钢丝直径为 1.8~2.4 毫米。笼底板要便于肉兔行走,安装成可拆卸的,便于定期取下刷洗、消毒。

③承粪板:宜用水泥预制件,厚度为 2~2.5 厘米。在多层兔笼中,上层承粪板即为下层兔笼的笼顶,为避免上层兔笼兔的粪尿、污水溅污下层兔笼,承粪板应向笼体前面伸出 3~5 厘米,后面伸出 5~10 厘米。在设计、安装时还需有一定的倾斜度,呈前高后低斜坡状,角度为 15°左右,以便粪尿经板面自动落入粪沟,并利于清扫。

④笼门:一般安装于多层兔笼的前面或单层兔笼的上层,可用竹片、打眼铁皮、镀锌钢丝制成。要求启闭方便,内侧光滑,能防御兽害。食槽、草架、饮水装置最好安装在笼门外,尽量做到不开门喂食,以节省工时。

（3）总体高度：为便于操作管理和维修，兔笼总高度应控制在 2 米以下，笼底板与承粪板间，底层兔笼与地面之间都应有适当的空间，便于清洁、管理和通风透光。通常，笼底板与承粪板之间的距离前面为 15～18 厘米，后面为 20～25 厘米，底层兔笼与地面的距离为 30～35 厘米，以利于通风、防潮，使底层肉兔有较好的生活环境。

（4）兔笼形式：兔笼的形式有多种多样。根据构建兔笼的主体材料不同，可分为木制或竹制兔笼、砖木混合结构兔笼、水泥预制件兔笼、金属兔笼和塑料兔笼等；根据组装、拆卸及移动的方便程度不同，可分为活动式和固定式两种。

依构件材料分：

①水泥预制件兔笼：兔笼的侧壁、后墙和承粪板采用水泥预制件或砖块砌成，笼门及笼底板仍由其他材料制成。这类兔笼的优点是构件材料来源较广，价格低廉，施工方便，防腐性能强，能进行各种方式的消毒。缺点是防潮、隔热性能较差，通风不良。

②竹、木制兔笼：在山区竹、木用材较为方便及肉兔饲养量较少的情况下，可以采用竹、木制兔笼。这类兔笼的优点是可就地取材，价格低廉，使用方便，有利于通风、防潮，隔热性能较好。缺点是易于腐烂和被啃咬，不能长久使用。

③金属兔笼：一般由镀锌钢丝焊接而成。这类兔笼的优点是结构合理，安装、使用方便，特别适宜于集约化、机械化生产。缺点是造价较高，只适用于在室内或比较温暖地区使用，室外使用时间较长容易腐锈，必须设有防雨、防风设施（见图 6-6）。

④全塑兔笼：采用工程塑料零件组合而成。这类兔笼的优点是结构合理，拆装方便，便于清洗和消毒，耐腐蚀性能较好。

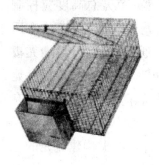

图6-6　金属兔笼

缺点是造价较高,只能采用药液消毒,不宜在室外使用,使用不很普遍。

依构件方式分:

①单层活动式兔笼:框架用竹、木或镀锌钢丝制成,四周钉以竹片,竹片的间距为1~1.3厘米,笼门开在前面或上面,笼下无承粪板。根据构造特点可分为单层活动式、双联单层活动式、单层重叠式、双联重叠式和室外单间活动式等多种。

单层活动式兔笼的优点是移动方便、构造简单、造价低廉、操作方便,易保持兔笼清洁和控制疾病等。除室外单间活动式兔笼外,一般均适宜在室内笼养。

②固定式兔笼:多为水泥预制件或砖木结构组建而成,根据构造特点又可分为室外简易兔笼、室内多层兔笼、立柱式双向兔笼和地面单层仔兔笼等。

③室外简易兔笼:根据各地具体情况可建单层或多层。这种兔笼适宜于家庭养兔,在较干燥地区可用砖块或土坯砌墙,并

用石灰粉墙。

④室内多层兔笼：目前国内多为 3 层，每隔 2～3 笼设一立柱，或用砖块砌成砖柱。依排列方式又可分单列和双列两种。双列式多层兔笼有的是背靠背的，粪沟设在两排兔笼的中间；有的是面对面的，粪沟设在各自的背面。实践证明，这类兔笼具有通风良好、占地面积小、管理方便等优点。

⑤立柱式双向兔笼：这类兔笼由长臂立柱架和兔笼组成，一般为 3 层，所有兔笼都置于双向立柱架的长臂上。这类兔笼的特点是同一层兔笼的承粪板全部相连，中间无任何阻隔，便于清扫；清粪道设在兔笼前缘，容易清扫消毒，舍内臭味较小，饲养效果较好。

（五）饲养肉兔配套设施

1. 食槽

食槽又称饲槽或料槽。有简易食槽，也有自动食槽（见图 6-7）。按制作材料的不同又分为竹制、陶制、水泥制、铁皮制及塑料制等多种食槽。简易食槽制作简单、成本低，适合盛放各种类型的饲料，但喂料时工作量大，饲料易被污染，极易造成肉兔扒料浪费。自动食槽容量较大，安置在兔笼前壁上，适合盛放颗粒料，从笼外添加饲料，喂料省时省力，饲料不易污染，浪费少，但食槽制作较复杂，成本也较高。

笼养兔通常采用陶制、转动式、抽屉式或自动食槽。无论何种食槽，均要结实、牢固，不易破碎或翻倒，同时还应便于清洗和消毒。

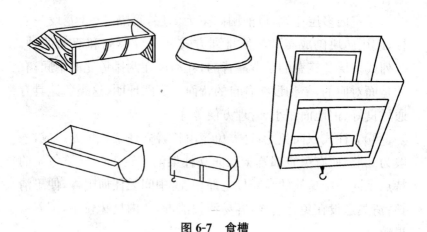

图 6-7　食槽

2. 草架

为防止饲草被肉兔践踏污染，节省草料，兔舍最好配备草架，用于饲喂青绿饲料和干草。草架多用木条、竹片或钢筋做成"V"字形。群养兔用的草架可钉成长 100 厘米、高 50 厘米、上口宽 40 厘米；笼养兔的草架一般固定在笼门上，草架内侧间隙为 4 厘米，外侧为 2 厘米（见图 6-8）。

3. 饮水器

饮水器形式有多种，小型兔场或家庭养兔可用瓷碗或陶瓷水钵，优点是清洗、消毒方便，经济实用。缺点是每次换水要开启笼门，水钵容易翻倒，且易被肉兔的粪尿污染。一般家庭笼养兔可用贮水式饮水器，即将盛水玻璃瓶或塑料瓶倒置固定在笼壁上，瓶口上接一橡皮管通过笼前网伸入笼门，利用空气压力控

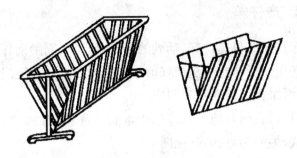

图6-8　草架

制水从瓶内流出,任肉兔自由饮用;大型兔场可采用乳头式自动饮水器,每幢兔舍装有贮水箱,通过塑料或橡皮管连至每层兔笼,然后再由乳胶管通向每个笼位。这种饮水器的优点是既能防止污染,又可节约用水;缺点是投资成本较大,对水质要求较高,容易堵塞和漏水(见图6-9)。

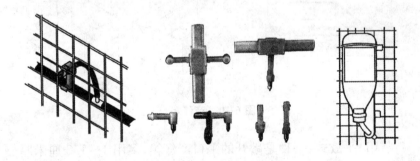

图6-9　饮水器

4. 产仔箱

产仔箱是母兔产仔、哺乳的场所,也是 3 周龄前仔兔的主要生活场所。通常在母兔产仔前放入笼内或悬挂在笼门外。多用木板、纤维板或硬质塑料制成。

目前,我国各地兔场多采用木制产仔箱,有两种式样,一为平放式;另一为悬挂式(见图 6-10)。

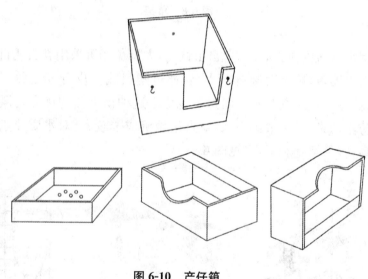

图 6-10　产仔箱

(1)平放式:一种是敞开的平口产仔箱,多用 1~1.5 厘米厚的木板钉成 40 厘米×26 厘米×13 厘米的长方形木箱,箱底有粗糙锯纹,并留有间隙或开有小洞,使仔兔不易滑倒并有利于排除尿液,产仔箱上口周围需用铁皮或竹片包裹;另一种为月牙形缺口产箱,可竖立或横倒使用,产仔、哺乳时可横侧向,以增加箱内面积,平时则竖立以防仔兔爬出产仔箱。

(2)悬挂式:悬挂式产仔箱多采用保温性能好的发泡塑料或轻质金属等材料制作。悬挂于兔笼的前壁笼门上,在与兔笼接触的一侧留有一个大小适中的方形缺口,其底部刚好与笼底板齐平。产仔箱上方加盖一块活动盖板。这类产仔箱具有不占笼内面积、管理方便的特点。

5. 运输用笼具

运输用笼具仅作为种兔或商品兔途中运输使用,一般不配置草架、饮水器和食槽等。此类笼具要求制作材料轻,装卸方便,结构紧凑,坚固耐用,透气性好,规格一致,下有承粪板,并能适用于各种消毒方法(见图 6-11)。

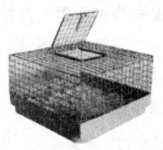

图 6-11　运输用笼具

6. 养兔机械

规模化兔场常备的养兔机械有青饲料切割机、饲料粉碎机、饲料搅拌机和饲料颗粒机。

七、家庭肉兔养殖场疾病防治要点

做好疾病防治工作是肉兔业健康发展的关键,而建立卫生防疫制度是做好疾病防治工作的基础。只有建立了卫生防疫制度,坚持以防为主,逐步消灭和控制各种疾病,才能取得良好的经济效益。

(一)肉兔致病的主要因素及防治措施

1. 引起肉兔致病的主要因素

引起家兔致病的主要因素有细菌、病毒、寄生虫以及外界环境等。

(1)由细菌和病毒引起的疾病:通过消化道感染的疫病有巴氏杆菌、结核病、伪结核病、沙门氏杆菌病、大肠杆菌病、魏氏梭菌性肠炎、黄尿病、李氏杆菌病、传染性水泡性口炎和兔瘟等。通过呼吸道感染的疫病有巴氏杆菌病、支气管败血波氏杆菌病、结核病、肺炎、野兔热和兔瘟等。通过伤口及昆虫感染的疫病有坏死杆菌病、野兔热、李氏杆菌病、仔兔脓毒败血病、乳房炎、黏液瘤病、脚皮炎、兔瘟和霉菌病等。通过交配感染的疫病有螺旋体病和外生殖器官炎等。

（2）饲养管理不良而致病：饲养密度过大，室内有害气体过多；兔舍设计不合理，舍内温度过低或过高；兔笼建造不良，易引起相互撕咬或刺伤兔体；污染的垫草易引起体内外寄生虫病；霉烂、腐败的饲料和污染的饮水引起消化障碍；噪声和其他动物干扰，会引起意外伤亡或母兔流产、母食仔现象。

（3）缺乏严密的消毒隔离制度而使疾病传播扩散：从外地或国外购买的种兔，如未进行隔离饲养，万一带有病菌，就会污染周围环境和用具，其中鼠类、蚊蝇、人员往来是传播媒介，很容易造成传染病的流行。

（4）饲料中缺乏某些营养素而致病：如果饲料中缺乏维生素、矿物质，很易造成营养性缺乏症，如佝偻病、软骨病、瘫痪、肝硬化、肌肉损伤等。由于饲料配方不合理引起肠胃功能失调。

2. 肉兔疾病的防治措施

兔病的种类很多，其中危害最严重的是传染病、寄生虫病和其他一些群发病，这些病往往是大批发生，且死亡率高，经济损失严重。因此，在肉兔生产中，一定要坚持以预防为主、防重于治的原则，才能有效地控制各种疾病的发生。

（1）加强卫生防疫工作，搞好环境卫生。

①家庭肉兔养殖场用于繁殖的种兔应以自繁自养为主。必要引种时，事先应对种兔场进行调查了解，确认确实无病且经过兔瘟疫苗防疫过的种兔才能引入，而且需要隔离饲养半个月后才可进入兔舍饲养。

②非饲养人员未经同意一律不得进入兔舍。种兔对外不得

配种,必要时可采用人工授精。严禁其他动物进入兔舍,以减少传染源。饲养区内也不得饲养其他家畜家禽、鸟、狗、猫等动物,以免传入病原。

③每天按时清除笼内外的粪尿和污物,保持兔舍、兔笼、食盆、饮水器、产箱的清洁卫生。设法保持兔舍内适宜的温、湿度,阳光充足,空气流通。

④改善环境卫生。清除兔舍周围的杂物、垃圾,使鼠类无处藏身,各种昆虫无孳生场所。由于鼠类动物是肉兔某些传染病病原体的携带者和传播者,因此消灭鼠类动物显得尤其重要。消灭鼠类动物,首先应从兔舍建筑和环境卫生着手,消除鼠类动物孳生和活动的环境,使之失去生存和活动的条件。其次是积极采取各种方法直接消灭鼠类动物。如用鼠笼、鼠夹和杀鼠药等方法消灭鼠类动物。在使用杀鼠药消灭鼠类动物时,要尽量用一些对人和畜毒性小的杀鼠药,同时,要防止这些药物对环境造成污染。蚊、蝇、蚤、蜱等吸血昆虫会侵袭肉兔并传播疫病,因此,在家兔生产中,要采取有效措施防止和消灭这些昆虫。可在兔舍和饲料加工间的门窗上安置纱门、纱窗。同时,搞好兔舍及周围的环境卫生,铲除杂草,填平污水坑,盖严排污沟,消除蚊、蝇等昆虫孳生的场所等。此外,可使用一些杀虫剂在兔舍内外进行喷洒杀虫,杀虫所使用的杀虫剂尽量对人和肉兔没有危害,亦对环境没有污染。

⑤严禁使用未发酵处理的兔粪作肥料,也不允许喂用施过兔粪的青饲料。肉兔生产中所获得的兔粪,一方面可以采用生物热发酵消毒,另一方面也可以将兔粪进行综合利用。

(2)消毒:兔舍的消毒是消除和杀灭肉兔生活环境中的病原

微生物和寄生虫,达到预防传染病发生和传播的目的。兔场和兔舍的进出口处都应放消毒药液,以便人员、车辆出入消毒。定期进行笼、舍消毒是杜绝传染来源的有效方法之一。

(3)加强饲养管理,有计划地进行药物预防:根据肉兔生长发育和生产性能的需要,科学制定饲料配方,供给全价饲料,以提高饲料的营养价值和适口性。不得购入发霉、变质、污染及质量低劣的原料,更不得用其配制饲料饲喂。每批饲料应作质量检验,确保质量合格后方可使用。对每批新换饲料,必须加强观察兔群反应,如发现异常,应检查是否与饲料有关。保持饮水的卫生。严格执行各项管理制度,在某些疫病流行季节到来之前或流行初期,可将安全、价廉、有效的药物加入饲料、饮水和添加剂中,进行群体预防和治疗,能收到明显的效果。如母兔产后 3 天内,内服长效磺胺片,每天 2 次,每次 0.5 克,连服 3 天,可预防乳房炎等疾病的发生。梅雨季节,按每千克饲料加氯苯胍 150 毫克,连用 45 天,可预防兔的球虫病。此外,平时在饲料中加入大蒜可减少兔消化道疾病的发生。定期接种疫苗,增强兔体对疾病的抵抗力。

(4)勤观察兔群

①精神状态:健康兔常保持机警状态,当听到轻微响动时,即抬头竖耳,转动耳壳,注意分辨外界情况。当受惊吓时,即用后肢跺笼底板。而病兔则精神呆滞,对外界的特殊声响或受到惊吓时,无反应、不愿动。

②姿势:健康兔姿势自然,动作灵活协调,行动轻快敏捷,蹲卧时,前肢伸直,相互平行,后肢置于体下,支撑大部分体重。除采食外,大部分时间都在假眠和休息。病兔则姿势反常,行动迟

缓,缩头弓背。

③耳朵:健康兔两耳直立,耳壳内洁净,白色兔则耳色粉红。病兔两耳耷拉,白色兔则耳色过红、苍白或发绀,手感发热或冰凉,耳壳内有积垢。

④眼睛:健康兔双眼圆睁,明亮有神,眼角干净无眼屎,不流泪。病兔眼睛半睁半闭,呆滞无神,眼结膜红肿、流泪、有眼屎。

⑤被毛:健康兔被毛浓密贴体,富有弹性和光泽。病兔被毛粗糙蓬乱、无光泽。

⑥皮肤:健康兔皮肤结实紧密有弹性,皮肤无脱屑和结痂。病兔皮肤缺乏弹性,局部有红肿、发绀、溃疡、脱屑或结痂。

⑦食欲:健康兔食欲旺盛,喂食前有食欲,在笼中活跃,喂给的饲料很快被吃完。病兔在喂食时无动于衷,见料不吃或食量减少。

⑧饮水:健康兔在饲料不变的情况下,饮水量较正常。病兔则食量减少,饮水量增加或减少。

⑨粪形:健康兔粪球呈椭圆形,大小均匀,表面光滑,较疏松。病兔粪球粒小干硬或连成一串,或粪便稀薄带腥臭味或带有透明胶状物。

发现病情,应立即采取隔离消毒和治疗措施。对突然死亡的兔子,如不能诊断出是何种疾病时,应立即请专家诊断治疗,并将病死兔烧毁或深埋。

(5)及时隔离和淘汰病兔:隔离是指将患病兔和疑似感染兔控制在与其他健康兔相对隔绝、利于防疫和管理的环境中,进行单独饲养、治疗、防疫处理的方法。这是控制传染病的重要而常用措施,其意义在于严格控制传染源,有效地防止传染病的蔓延。在彻底消毒的情况下,把症状明显的家兔隔离出原来的场所,单独或集中饲养在偏僻、易于消毒的地方,专人饲养,加强护理、观察和治疗,不得进入饲养健康兔群的兔舍。要固定所用的工具,注意对场所、用具的消毒,出入口设有消毒池,进出人员必须经过消毒后,方可进入隔离场所。粪便无害化处理,其他闲杂人员和动物避免接近。如经查明,场内只有极少数的肉兔患病,为了迅速扑灭疫病并节约人力和物力,可以扑杀病兔。此外,对污染的饲料、垫草、用具、兔舍和粪便等进行严格消毒;妥善处理好尸体,肉兔尸体可采用焚烧法和深埋法进行处理。

①焚烧法:这是一种传统的处理方式,是杀灭病原最可靠的方法。可用专用焚尸炉焚烧家兔尸体,也可利用供热的锅炉焚烧。但近年来,许多地区制定了防止大气污染条例,限制焚烧炉的使用。

②深埋法:这是一种简单的处理方法,费用低且不易产生气味,但埋尸坑易成为病原的贮藏地,并有可能污染地下水。

对一些老弱病残和久治不愈的兔子应予以淘汰,因为这些兔子不仅消耗饲料、人工、药品,而且所患的疾病难以根除,需及时淘汰。

(二)消毒与防疫

1. 消毒

环境卫生条件的好坏,除了与日常管理工作有关之外,在一定程度上还与兔舍、兔笼的设计和建筑有关,如兔场是否具备隔离条件,清洁、消毒工作是否方便等。尤其是种兔场对卫生条件的要求较高。

消毒是综合性防制措施中的重要一环,消毒的目的是消除和杀灭家兔生活环境中的病原体,以切断传染途径,阻止疫病继续扩大蔓延。养兔场必须制定切实可行的消毒制度,定期消毒,才能有效地防止和减少疾病的发生。

选择消毒剂和消毒方法时,必须考虑病原体的特性、被消毒物体的特性与经济价值等因素。消毒包括物理、化学和生物热消毒三大类。

(1)物理消毒法

①机械性清除法:即用机械的方法如清扫、冲刷、擦洗、通风等手段来清除病原体。这是最常用的消毒方法,也是日常卫生工作之一。

②日光曝晒:日光有加热、干燥和紫外线杀菌三方面的作用,有一定的杀菌力。兔的产箱、垫草和饲草在日光下照射2~3小时,可杀死某些病原体,减少传染病的发生。

③紫外灯照射:紫外线可杀死某些病原体,主要用于更衣室消毒,室内必须事先清扫整洁。紫外灯与被消毒物体的距离越近,消毒的效果越好。消毒时间应在30分钟以上。消毒时,人、兔不应逗留室内。

④煮沸消毒:煮沸30分钟,可杀灭一般微生物,应注意的是在煮沸消毒时,被消毒的物品应被水浸没。

⑤火焰消毒:这是一种较简便、彻底的消毒方法。可定期使用汽油(或煤油)喷灯直接喷烧笼位、笼底板和产箱,可杀灭细菌、病毒和寄生虫卵。此方法效果很好,但要注意防火安全。

(2)生物热消毒法：是指对兔粪、污水和其他废弃物的生物热发酵处理。是利用土壤中的嗜热菌来参与对粪便等的发酵过程，产生大量的生物热可杀灭各种非芽胞菌和寄生虫幼虫及虫卵，也就是俗称的兔粪等污物堆沤法。

(3)化学消毒法：常用的化学消毒剂有以下几种：

①氢氧化钠：又称苛性钠或烧碱(火碱)，对细菌、病毒甚至寄生虫卵均有强大的杀灭力。最常用 2%～3% 的溶液喷洒或洗刷。如在溶液中添加 5%～10% 的食盐，则可增强其消毒作用。常用于兔笼、食具、墙壁、地面、运输车辆等的消毒。由于该药有强腐蚀性，因此不能带兔消毒。消毒人员也应有防护围裙、胶手套、胶靴等相应的保护装具。消毒后，药液应停留 6～12 小时，以保证消毒效果，然后再以清水冲洗干净。使用时应注意：高浓度溶液可灼伤组织，损伤铝制品、纺织品。

②生石灰：一般常用 10%～30% 的新鲜石灰乳涂刷兔舍墙壁。石灰乳应随用随配。

③来苏儿：又称煤酚皂溶液，常用浓度为 3%～5%，多用于空兔舍、笼具、墙壁和地面的喷洒消毒，也可以 5%～10% 浓度置兔场入口处消毒池内，消毒往来车辆及人员靴鞋。

④复合酚：又称农乐、菌毒敌或毒菌净，可杀灭细菌、霉菌和病毒，对许多寄生虫卵也有杀灭作用。常用 0.33%～1% 水溶液喷洒兔舍、笼具、地面。喷药一次，药效可维持 7 天。对于严重污染的环境可适当增加浓度与喷洒次数。需要注意的是，本品不能与碱性消毒药配伍使用；严禁使用喷洒过农药的喷雾器喷洒本药。

⑤优氯净：又称二氯异氰尿酸钠，为白色晶粉，有氯臭，

0.5％～1％水溶液可杀灭细菌和病毒,5％～10％水溶液可杀灭芽胞。可用于兔舍、场地、笼具的喷洒、浸泡、擦拭消毒,也可用于带兔消毒。干粉可用于兔粪消毒,用量为兔粪的20％;饮水消毒,每升水4克,作用30分钟。

⑥甲醛溶液:又称福尔马林,有刺激性气味,对细菌、病毒等均有强杀灭作用。1％～5％浓度的水溶液可用于空兔舍喷洒消毒。空兔舍熏蒸消毒时,每立方米空间用甲醛溶液25毫升,加水12.5毫升,加温蒸发成气体,密闭门窗消毒24小时。熏蒸消毒后应开启门窗通风24小时。

⑦过氧乙酸:又称过醋酸,为强氧化剂,是一种高效消毒剂,通常甲、乙两种组分分别盛放,现用现配现稀释。其消毒作用迅速,0.01％～0.1％的过氧乙酸水溶液杀灭细菌,一般仅需2分钟;用0.2％的水溶液作用4～5分钟,能杀灭所有病毒。多用于喷雾消毒兔舍、墙壁、门窗、地面、笼具、车辆等,但本品有较强的刺激和腐蚀作用,不宜用于金属器具的消毒。切勿让溶液溅到皮肤、眼、鼻上,以防烧伤。

⑧百毒杀:为双链季铵盐化合物,无色、无臭、无刺激性,安全高效,是兔场常用的消毒剂之一。可用于兔舍、笼具、地面、空气、饮水的消毒,也可用于带兔消毒。使用时可按其说明要求稀释。

在选用消毒剂时,要考虑以下因素:第一,消毒剂的药效。所选用的消毒剂能控制危害家兔的所有病原微生物(病毒、细菌和真菌)。第二,消毒剂的安全性。所选用的消毒剂对操作人员要有安全性,不会危害家兔和其他动物,同时在兔产品中无残留,也不会污染环境,对各种设备没有腐蚀性。第三,成本。所选用的消毒剂成本低廉。

2. 防疫

　　家庭肉兔养殖场在肉兔生产过程中,防疫重点是防止重大传染病的发生,预防接种是控制传染病发生的有效手段。养殖场可以根据本场兔群的实际情况来制定免疫程序,如兔场母兔产后会发生乳房炎,则应该在母兔配种前免疫注射葡萄球菌灭活疫苗,但兔瘟疫苗必须严格按照免疫程序进行注射,而且漏打兔瘟疫苗的兔子,必须及时补打,以免造成损失。免疫程序也可根据兔群实际情况进行,但兔瘟疫苗的接种日龄不宜更改。

名　称	免疫期	建 议 用 法
兔瘟灭活疫苗(或兔瘟蜂胶灭活疫苗)	6个月	每只兔30～40日龄首免,颈部皮下注射2毫升(或兔瘟蜂胶灭活疫苗1毫升),60日龄加强免疫1毫升。此后每4～6个月免疫一次
兔多杀性巴氏杆菌病灭活疫苗	6个月	断奶后1周颈部皮下注射1毫升,每4～6个月免疫一次
兔产气荚膜梭菌病(A型)灭活疫苗	6个月	幼兔颈部皮下注射2毫升,每4～6个月免疫一次
兔大肠杆菌多价灭活疫苗	6个月	断奶前1周颈部皮下注射2毫升,以后每4～6个月免疫一次
兔克雷伯氏菌下痢病灭活疫苗	6个月	断奶时颈部皮下注射2毫升

续表

名　称	免疫期	建　议　用　法
兔葡萄球菌病灭活疫苗	6 个月	颈部皮下注射 2 毫升,母兔于配种前注射,每 6 个月免疫一次
兔波氏杆菌病灭活疫苗	6 个月	18 日龄颈部皮下注射 1 毫升,断奶后再免疫一次,2 毫升,以后每 4 个月免疫一次
兔瘟、多杀性巴氏杆菌病二联灭活疫苗	6 个月	颈部皮下注射 1 毫升,每 4～6 个月免疫一次
兔多杀性巴氏杆菌病、波氏杆菌病二联灭活疫苗	6 个月	颈部皮下注射 2 毫升,每 4 个月免疫一次
兔瘟、多杀性巴氏杆菌病、魏氏梭菌病三联灭活疫苗	6 个月	颈部皮下注射 2 毫升,每 4～6 个月免疫一次

　　不同类型疫苗注射之后,以后一年 2 次或 3 次定期免疫,其中繁殖母兔注射剂量加倍,特别是兔瘟疫苗用量要加倍,有利于幼兔在 40～60 日龄期间抵御该病的发生,其他疫苗按常规用量使用。各种疫苗注射时间上应间隔 3～5 天。也可使用各种联苗,那样省时省力。

（三）常见病的防治

1. 兔病毒性出血症（兔瘟）

兔病毒性出血症俗称兔瘟，是肉兔的一种烈性传染病，以全身主要器官出血为主要特征。发病急、死亡率和致死率可达95％以上。

【发病特点】 本病一年四季均可发生，一般药物治疗无效。本病只侵害兔，主要危害 2 月龄以上青年兔和成年兔，哺乳仔兔（40 日龄以下）和部分老龄兔不易感，但近期流行特点有幼龄化倾向。可通过各种途径迅速传播是本病的流行特点。传染源是病兔和带毒兔。病兔或带毒兔与健康兔接触传染，可经消化道、呼吸道、伤口和黏膜直接接触传播，或通过病兔、带毒兔的排泄物、分泌物、死兔的内脏器官、血液、兔毛等污染的饮水、饲料、用具、笼舍、空气传播，以及由人、野鼠、猫、狗、家禽等机械性传播。

【症状】 本病的发生具有明显的流行初期和高峰期。几天内发病率和死亡率明显增高，持续 7～10 天，待兔群中大批易感兔发病或死亡后疫情停息。无论自然或人工感染，病兔的潜伏期为 1～3 天。根据病程可分为以下病型。

最急性型：常发生在非疫区或流行初期，患兔往往无明显症状，一旦发病表现短暂兴奋，突然蹦跳几下或惨叫几声即倒地死亡。死后勾头弓背或"角弓反张"，少数兔鼻孔出血、肛门松弛，其周围被毛有少量淡黄色黏液状物附着。

急性型：病程一般 12～48 小时，患兔精神萎顿、不爱活动、被毛粗乱无光泽、迅速消瘦、食欲减退、呼吸迫促,因高烧达41℃而嗜饮水。临死前表现突然兴奋,狂奔、咬笼,然后前肢伏地,后肢支立,全身颤抖倒向一侧,四肢划动,抽搐或惨叫而死。少数死兔鼻孔流出少量泡沫状血液。此多发生于流行中期。

亚急性型:一般发生在流行后期,多发于2月龄以内的幼兔,兔体严重消瘦,被毛焦枯无光泽,病程2～3天,大部分预后不良。

慢性型:近年来发现有的病兔精神沉郁,下巴搁于笼底,四肢趴开,无食欲,病程2～6天,最后衰竭而死。有的可以耐过,但生长缓慢,发育较差。此型的发生可能与免疫程序不当有关。

【剖检病变】　主要特征是全身实质器官瘀血、出血,气管软骨环瘀血,气管内有泡沫状血液;胸腺水肿,并有散在性针帽至粟粒大出血点;肺严重瘀血或有数量不等的芝麻至绿豆大出血点;肝脏瘀血、肿大;胆囊肿大,胆汁稀薄充盈;肾脏和脾脏肿大、瘀血,呈黑紫色;十二指肠、空肠黏膜出血,腔内有胶状黏液。

【防治】　对该病目前尚无有效的药物治疗,只有加强预防。注射兔瘟疫苗的兔7天左右产生免疫保护力。断奶后的小兔开始防疫,每只兔皮下注射1毫升兔瘟疫苗,一年注射2～3次,可以有效地控制该病的流行。

一旦发生本病,应及时对未发病的兔用兔瘟灭活疫苗或兔瘟蜂胶灭活疫苗进行紧急预防注射。死兔应立即深埋。对环境和用具宜选用2%烧碱水或火焰法消毒。

2. 多杀性巴氏杆菌病

兔多杀性巴氏杆菌病是肉兔的一种常见、多发、危险性很大的呼吸道传染病。兔对多杀性巴氏杆菌非常敏感,常易感而引起大批发病和死亡。

【发病特点】　本病能由病兔的分泌物、排泄物等通过消化道、呼吸道、伤口传染给健康兔。此外,空气中亦有此细菌存在。一旦肉兔在各种应激因素刺激下,均可使机体抵抗力下降,体内的多杀性巴氏杆菌大量繁殖,其毒力增强而诱发此病。许多肉兔鼻腔黏膜带有多杀性巴氏杆菌,而不表现临床症状,因此,引进带菌兔也是发生和流行本病的重要原因。本病一年四季均可发生,但以春、秋两季最为多见,常呈散发性或地方性流行。各年龄的兔均可感染本病,但以 2～6 月龄兔发病率和死亡率较高。当暴发流行时,若不及时采取措施,则常会导致整群覆没。

【类型】　兔多杀性巴氏杆菌病的症状和病变表现多种,其主要类型有:

全身败血症:病兔迅速死亡,常不见症状。病情稍缓者可见体温升高到41℃以上,精神沉郁,拒食,呼吸加快,鼻孔流出分泌物。剖检可见鼻黏膜、气管黏膜、喉头黏膜充血或出血;心脏内、外膜有出血点;肝变性,有坏死点;脾和淋巴结肿大并出血;肠黏膜有出血斑点;肺、胸腔积淡黄色液体。

地方性肺炎:病兔精神沉郁,食欲不振或废绝,病程长短不一。剖检可见纤维性肺炎和胸膜炎,肺实变,并常有脓肿和灰白色小病灶;胸膜和心包膜上常有纤维素沉着物。

传染性鼻炎:病兔表现浆液性、黏液性或黏液性脓性鼻漏,常用前爪擦外鼻孔,还表现打喷嚏、鼻炎等症。剖检可见鼻腔、鼻旁窦有炎症和渗出物。

中耳炎:单纯的中耳炎除从鼓室流出白色油状渗出物外,一般不表现其他症状。如病菌侵入内耳或脑部，则可出现斜颈。剖检可见中耳炎、脑炎和胸膜炎。

其他病型：生殖器官感染、结膜炎和发生于全身各部位的脓肿。

【防治】　建立无多杀性巴氏杆菌兔群是防止本病的最好的办法。加强饲养管理，减少应激，合理配制日粮，注意兔舍的通风，搞好环境卫生，控制饲养密度是关键。此外，要经常检查兔群，对有症状的兔及时治疗、隔离或淘汰。做好消毒工作。定期预防接种。

常用的治疗方法有：庆大霉素每千克体重2万单位肌内注射，每天2次，连续5天为一疗程；亦可选用卡那霉素或磺胺二甲基嘧啶等药物注射、口服、滴鼻或敷用眼药膏。对患鼻炎的兔用抗生素2～3滴滴鼻，每天1次，连用3～5天，同时辅以青、链霉素各10万单位肌内注射，每天1次，亦有效果。对局部感染，如脓肿，可待成熟后切开排脓，然后用3％的双氧水冲洗，再敷上消炎药（如磺胺药等）。

为避免抗药性，有条件的兔场在治疗前可对细菌进行药敏试验，筛选出敏感药物治疗。

3. 支气管败血波氏杆菌病

兔支气管败血波氏杆菌病是肉兔的一种常见、多发的呼吸道疾病，传播广泛。幼兔发病率和死亡率较高，成年兔主要表现为鼻炎和肺炎两种类型。

【发病特点】　本病一年四季均可发生，常呈地方性流行，一般以慢性经过为多见，急性败血性死亡较少。该菌常存在于兔的上呼吸道黏膜上,每当气候骤变及秋冬之交极易诱发本病。本病主要通过呼吸道传播。带菌兔或病兔的鼻腔分泌物中大量带菌,常可污染饲料、饮水、笼舍和空气或随着咳嗽、喷嚏飞沫传染给健康兔。

【类型】　本病主要表现为鼻炎和肺炎两种类型,其中以鼻炎型最为常见,也可与多杀性巴氏杆菌病等并发。

鼻炎型:常呈地方性流行,多数病例鼻腔流出浆液性或黏液性分泌物,病兔大部分不死亡。剖检可见鼻腔黏膜充血,有多量浆液和黏液。症状时重时轻。

肺炎型:多呈散发,鼻炎长期不愈,鼻腔流出黏液或脓性分泌物,呼吸加快,食欲缺乏,病程较长,患兔日渐消瘦而亡。剖检可见气管和支气管黏膜充血,肺内有大小、数量不等的脓疱,肺外有一层致密的结缔组织包膜,内蓄脓汁。有的病兔心脏、肝脏等处也有脓疱。

【防治】　通常情况下,加强兔群的饲养管理,定期带兔消毒,减少应激,做好疫苗的接种工作,可达到很好的预防效果。本病多与巴氏杆菌病混合感染,一旦发生本病,应隔离和剔除已感染的肉兔。必要时可在饲料中添加药物进行预防。

常用的治疗用药有:庆大霉素、卡那霉素、青霉素、链霉素和红霉素等。但该病治愈后易复发。

4. A 型魏氏梭菌病

本病是由 A 型魏氏梭菌产生的外毒素引起的一种急性肠道传染病,其特征为泻下大量水样或血样粪便,病兔因脱水而死亡。

【发病特点】 本病一年四季均可发生,以冬、春季发病率最高。各种年龄的兔均易感,但以 1～3 月龄的兔发病率高。此外,应激、气候变化、长途运输、突然变更饲料等因素极易诱发本病的发生。其中,膘情好、食欲旺盛的兔更易感染。

【症状】 本病在临床上一般不易发现发病前兆。病兔多突然发病,急性下痢、水泻,排泄物有特殊的腥臭味,体温不高。多数病兔在下痢 1～2 天后死亡,少数拖至 7 天或更长,最终死亡。

【剖检病变】 主要表现为胃溃疡,胃黏膜脱落;小肠臌气,肠壁薄而透明;大肠特别是盲肠浆膜下有鲜红色条纹状出血斑,内充满褐色或墨绿色的粪水,肠系膜淋巴结充血、水肿;肝肿大、质脆;膀胱多数积有浓茶色尿液;心脏表面血管怒张呈树枝状充血,心内膜下有出血点。

【防治】 加强饲养管理,搞好环境卫生,保证饲料中有足够的粗纤维,做好疫苗的接种工作,可达到很好的预防效果。一旦发生疫情,除采取隔离、消毒措施外,应立即用疫苗作紧急预防接种。有条件的兔场,对早期发病兔可注射抗 A 型魏氏梭菌病血清,每只兔静脉或皮下注射 4 毫升,并辅以 5% 葡萄糖盐水补液以缓解脱水症状。抗生素及磺胺类药虽可杀灭本菌,但因不能中和本菌所产生的毒素,故对本病的临床治疗意义不大,仅可用以控制继发感染。

5. 大肠杆菌病

兔大肠杆菌病又称黏液性肠炎,是一种广泛流行、发病率和死亡率均很高的肠道传染病。其特征为拉胶冻样稀粪及脱水死亡。

【发病特点】　本病的发生与饲养、气候等因素密切相关。一年四季均可发生，尤以冬、春季节多发。各品种兔不分年龄、性别均易感，主要以1～4月龄的兔发病率高。其他肠道致病微生物和球虫等寄生虫往往在发病过程中起协同作用。

【症状】　病兔肠道内充满气体或液体而腹部膨胀，精神沉郁，四肢发凉，被毛粗乱，消瘦，废食，磨牙、流涎，常卧于兔笼一角。粪便呈黑色糊状稀粪，往往含有多量白色胶胨样物，有的在胶胨样物中还混有两头尖的细小粪球。肛门和后肢的被毛沾污着棕色至黑色稀粪。急性病例通常1～2天内死亡，长的7～8天死亡。

【剖检病变】　胃膨大，胃壁水肿，胃内充满液体和气体，胃黏膜上有针尖大小的出血点；十二指肠充满气体和黏液并被胆汁黄染；空肠、回肠肠壁薄而透明，内有半透明胶胨样物，结肠和盲肠黏膜充血，浆膜上有时有出血斑点，结肠内有透明胶样黏液，有的盲肠壁呈半透明，内容物呈水样并有少量气体；胆囊亦可见胀大；膀胱常有胀大，内充满尿液；有时圆小囊和蚓突肿胀、出血。

【防治】　平时注意加强兔群的饲养管理和兔舍清洁卫生。断奶和饲料更换要逐步进行。一旦发现病兔要立即隔离，同时要加强消毒。用大肠杆菌疫苗进行免疫接种，有一定的保护作用。若能用从本兔场分离到的大肠杆菌制成灭活苗进行免疫，效果更好。

常见的治疗方法：用庆大霉素，每千克体重5万单位肌内注射，每天2次；螺旋霉素，每千克体重10毫克肌内注射，每天2次；卡那霉素，每千克体重50毫克肌内注射，每天2次。应用药物治疗时,可配合活性炭、多维素和小苏打等辅助治疗。

6. 葡萄球菌病

兔葡萄球菌病是由金黄色葡萄球菌引起的一种化脓性脓毒败血症,死亡率很高。兔对金黄色葡萄球菌最为敏感,通过各种途径均可感染本病,皮肤和黏膜尤为易感,一旦出现损伤,病菌即可趁机侵入。本病有多种类型,确诊需进行病原菌分离鉴定。

(1)脚皮炎:多发于公兔或体重大的兔。病兔脚底皮肤红肿,继而出现脓肿,形成溃疡,长期不愈,影响生长。若引起败血症,则很快死亡。

(2)转移性脓毒素血症:病兔发生表皮或黏膜损伤,病原经毛囊、汗腺侵入。在头、颈等部位的皮下或肌肉,以及内脏器官形成一个或几个脓肿,手摸柔软有弹性。脓肿一旦破溃,可引起全身感染,呈败血症,病兔很快死亡。

(3)仔兔脓毒败血症:仔兔出生1周后易发,在胸、腹、颈等内侧部位的皮肤上出现粟粒大的乳白色脓疱,内有奶油状脓汁,病兔死亡迅速。脓肿经治疗后可慢慢吸收痊愈,脓疱变干结痂,自行脱落。

(4)乳房炎:多见于分娩后几天的母兔,常因乳头、乳房受损而感染。病兔初期体温稍高,乳房局部皮肤红肿热痛或体积加大,后期表面呈现紫红色,拒哺乳。慢性者,皮下及实质内形成结节或脓肿。

(5)仔兔黄尿病:母兔患乳房炎,仔兔吃了母兔的乳汁而发病,常全窝感染。病兔表现为尿黄,急性卡他性肠炎、肛门和后脚被黄色稀粪污染,兔体发软、瘦弱,死亡率高。

（6）外生殖器官炎症：外生殖器、阴囊或阴户有淡黄色脓汁，可引起孕兔流产。

【防治】　加强管理，防止外伤。公、母兔分开饲养，防止兔互相咬斗。兔笼必须保持清洁卫生，清除笼内一切可能损伤肉兔皮肤的尖锐、锋利的物品，垫草要干燥柔软。发现有伤口应立即用碘酊涂擦消毒。母兔产仔前后要适当减少精饲料和多汁饲料，以免产后数天乳汁过多，发生乳房炎。母兔发生乳房炎时，应将哺乳仔兔交由保姆兔代哺。

常用的治疗方法：

①脚皮炎或其他体表溃疡：先清除脓汁及坏死组织，用5％碘酊或0.1％高锰酸钾溶液洗净创部，再敷以抗生素或磺胺类药物，然后用纱布包扎好。如有体温反应，则需注射维生素C及抗生素。

②仔兔脓毒败血症：用青霉素等抗生素治疗，并每天用2％结晶紫酒精溶液涂擦患部。

③乳房炎：患病初期挤出乳汁，并用冷毛巾敷，一天后换用热毛巾外敷，每天多次。轻者用0.1％高锰酸钾溶液清洗，涂以鱼石脂软膏；乳头红肿变硬时，可用0.1％普鲁卡因注射液1～2毫升稀释20万～40万单位青霉素，在乳房硬块周围分4～6点封闭注射，每天1次，连用3～5天。如已化脓，则必须切口排脓，脓腔涂以碘酊，并撒布青霉素粉或消炎粉。

④仔兔黄尿病：首先停喂母乳，然后母兔和仔兔均用青霉素等抗生素治疗。

7. 球虫病

兔球虫病是一种常见且危害严重的寄生虫病之一。

本病在温暖潮湿的季节多发,各品种的兔均易感,断奶至3月龄的兔最易感。饲养管理差的兔场发病率高。一般成年兔感染后带虫,极少发病死亡。依据感染球虫寄生的部位,常分为肝球虫和肠球虫,临床上多为混合感染。病兔感染后,食欲不振,便秘与腹泻交替发生,尿频或时有排尿动作,后躯及肛门常被粪便污染。肝球虫病兔肝区有压痛,贫血,可视黏膜苍白,部分出现黄疸。剖检可见,肝脏明显肿大,上有黄白色小结节;胆囊胀大,胆汁浓稠。肠球虫病兔大多呈急性经过,突然歪倒,四肢痉挛,头向后仰,发出惨叫,极度衰竭而亡。剖检可见,肠壁血管充血,肠腔臌气,肠黏膜充血或出血,十二指肠扩张、肥厚,黏膜充血或出血。慢性经过时,肠黏膜呈淡灰色,有许多小而硬的白色结节,有的可见化脓性坏死灶。

【防治】 搞好兔场卫生,保持兔舍干燥清洁。食具、笼底板定期用火焰消毒。在球虫病高发季节,定期进行药物预防,几种药物交替使用,以防产生抗药性。

治疗方法:氯苯胍,每天每千克体重50毫克拌料;氯羟吡啶,每100千克饲料中添加20～25毫克;复方敌菌净,每天每千克体重30毫克,首次剂量加倍,拌料饲喂,连用1周。威特神球(0.5%地克珠利),每250千克饲料中添加50克;磺胺-6-甲氧嘧啶,按0.1%的浓度混入饲料中,连用3～5天为1个疗程,隔1周再用1个疗程。

8. 螨病

兔螨病又称疥癣病,是由兔疥癣及痒螨寄生于兔体表而引起的一种外寄生虫病。

本病多发生于秋、冬及初春季节,具有高度侵袭性,少数病兔感染后未及时治疗,极易传染全群。传染源主要为病兔及被病兔污染的环境、兔舍、用具等。依螨寄生部位,可分为耳螨和体螨两类。耳螨的病原是痒螨,病变主要在耳道,引起外耳道炎,渗出物干燥后形成黄色痂皮,如纸卷样塞满耳道。病兔耳朵下垂,焦躁不安,经常摇头,不停地用后肢抓耳部,食欲下降,逐渐消瘦而亡。体螨的病原是疥螨,多发于脚趾。病兔不停地用嘴啃咬脚爪,感染部位皮肤先红肿,然后脱毛、龟裂,逐渐出灰白色痂块,严重时,鼻、身体其他部位也被感染,嘴唇肿胀,影响采食,消瘦,最终衰竭而亡。

【防治】　搞好兔场卫生,保持兔舍干燥清洁。食具、笼底板定期用火焰消毒。经常检查兔群,发现病兔立即治疗、隔离。引入的种兔,确认无螨病后方混合饲养。

治疗方法:阿福丁(灭虫丁)注射液,按每千克体重 0.2 毫升稀释,颈部皮下注射;双甲脒,0.05 水溶液清洗和涂擦患部;敌百虫,2%敌百虫酒精(75%)溶液外涂。

9. 腹泻病

兔腹泻病病因复杂,有感染性致病性和非感染性致病性两种。感染性致病因素包括肠道细菌、霉菌、病毒和寄生虫等,非感染性致病因素包括应激、气候、饲料等。本病各年龄兔均可发生,但以断奶前后发病率高,治疗不当常引起死亡。

感染性腹泻病兔食欲废绝,全身无力,体温升高,粪便稀薄如水,常混有血液和胶胨样黏液,有恶臭味。病兔消瘦,结膜暗红或发绀,呼吸急促,常因虚脱而死亡。

非感染性腹泻病兔食欲减退,精神不振,排稀软粪便或水样粪便,被毛污染,失去光泽;病程长的虚弱无力,不愿运动,有的出现轻度腹胀。

【防治】 加强饲养管理,精饲料、粗饲料搭配合理,更换饲料要逐步进行,不喂腐败变质饲料及带露水的草。保持兔舍干净,通风良好,安静,减少应激发生。料槽要经常清洗、消毒,保持饮水卫生。发现病兔,应立即停喂饲料,保证供水。

治疗方法:环丙沙星、敌菌净、氟哌酸等抗菌药,每只兔每天1~2片,每天2~3次,连喂2~3天;庆大霉素,每只兔肌内注射0.5~1毫升,每天1次,连用3天;鞣酸蛋白,每次1~3克,每天1~2次,连用2天。

10. 便秘

多由饲养管理不当引起,精料过多、供水不足、缺乏青饲料等均能导致该病发生。某些急性、热性病也可继发便秘。

病兔食欲减退或废绝,肠音减弱或消失。初期排出的粪球少而坚硬变小,以后则排粪停止,腹痛不安。当肠管阻塞而产生过量的气体时,则出现肚胀,呼吸困难。剖检可见结肠、直肠中有干硬的颗粒状粪便,严重时肠道黏膜出血。

【防治】 加强管理,精饲料、粗饲料、青绿多汁饲料搭配合理,保证饮水充足。病兔换喂易消化的饲料。

治疗方法：石蜡油、植物油，一次灌服 20～25 毫升；硫酸钠或人工泻盐，成年兔 5～10 克，幼兔减半。

11. 感冒

天气突变，笼舍潮湿，遭受雨淋、贼风侵袭以及病原微生物感染等均易导致兔感冒。

病兔表现食欲减退或废绝，咳嗽、呼吸困难，流鼻涕和眼泪，体温 40℃以上，若不及时治疗，易诱发支气管炎。

【防治】　加强管理，保持兔舍干净，冬季保暖，夏季通风。

治疗方法：复方氨基比林注射液，每只兔 2 毫升，肌内注射，每天 1 次，连用 2 天；青霉素、链霉素各 20 万～40 万单位，肌内注射，每天 2 次，连用 2 天。

12. 结膜炎

维生素 A 缺乏；灰尘、泥沙等异物刺激；化学性刺激；机械性损伤；细菌感染等，均可致兔发生结膜炎。

病兔表现眼怕光、流泪，结膜潮红，眼睑肿胀、半闭。病情严重者眼结膜严重充血，从眼中流出的脓性眼垢将眼睑粘合在一起，引起角膜混浊、溃疡、穿孔，甚至会使眼睛失明。

【防治】　加强饲养管理，保持兔舍通风，降低氨气的浓度，清除笼内所有可能引起创伤的尖锐物，增加含维生素 A 饲料的饲喂量。

治疗方法：用 2%～3% 的硼酸或 0.01% 苯扎溴铵冲洗眼睛，然后用 0.5% 金霉素、土霉素等抗菌消炎药物滴眼或涂敷。

13. 中暑

长期处于高温环境,饲养密度过大,兔舍通风差,运输过程中密度大,通风不良等因素,均可致兔中暑。各年龄的兔均可发病,尤以孕兔易发生。

病兔表现精神不振、拒食,呼吸、心跳加快,鼻腔和黏膜充血。严重者呼吸困难,黏膜发绀,体温升高至40℃以上,从口鼻中流出带血的黏液,全身乏力,最后抽搐死亡。有的兔表现高度兴奋,盲目奔跑,最后昏倒,全身痉挛,死亡。

【防治】 防暑降温,保持兔舍通风良好,降低饲养密度,供应充足饮水。夏季避免长途运输,如确有需要,可在夜间进行,降低运输密度。

治疗方法:将病兔置于阴凉、通风处,头部敷冷毛巾,或进行耳静脉放血。灌服十滴水2~3滴或喂服人丹2~3粒。对有抽搐症状的病兔,可按每千克体重肌内注射2.5%盐酸氯丙嗪注射液0.5~1毫升。

14. 有机磷中毒

肉兔误食或接触喷洒过有机磷农药不久的农作物或青草等,或用敌百虫治疗寄生虫病时引起中毒。

病兔表现流涎,腹痛,腹泻,兴奋,不安,全身肌肉震颤、抽搐,心跳加快,呼吸困难,可视黏膜苍白,瞳孔缩小。剖检可见胃肠黏膜充血、出血、肿胀,黏膜易剥落,肺充血、水肿。急性中毒病例甚至可嗅到有机磷农药的特殊气味。

【防治】 加强管理,禁喂刚喷洒过有机磷农药的植物;用有机磷农药进行体表驱虫时,应掌握剂量和浓度,严防肉兔舔食。

对病兔可迅速注射阿托品、解磷定。解磷定按每千克体重15毫克静脉注射或皮下注射,每天2～3次,连用2～3天;阿托品每次皮下注射1～2毫升,每天2～3次,直至症状消失为止。同时可辅助灌服活性炭。

(四)家庭肉兔养殖场必备的药物

在广大农村,养兔户普遍都存在缺医少药的现象;一旦兔群发病便束手无策,况且现在养兔户养兔数量一般都上了规模。因此,不仅需要掌握兔病防治的基本知识和治疗技术,同时还要具备最常用的药物,以便应付自如,减少量损失。

1. 抗生素

主要对病原微生物具有抑制或杀灭作用,广泛用来防治传染病及消除各种炎症。

(1)青霉素G钾盐:粉针,40万单位/支和80万单位/支,肌内注射2万～4万单位/千克体重,每日2次。可用于治疗葡萄球菌病、李氏杆菌病和呼吸道感染。

(2)普鲁卡因青霉素G:粉针,40万单位/瓶和80万单位/瓶,肌内注射5万单位/千克体重,每日1次。可用于治疗葡萄球菌病、李氏杆菌病和呼吸道感染。

(3)硫酸链霉素:粉针,0.5克/瓶和1克/瓶,肌内注射10～20毫克/千克体重,每日2次。主要用于治疗呼吸道、泌尿道、消化道的感染。

(4)硫酸庆大霉素：水针，2万单位/毫升和8万单位/毫升，肌内注射3 000～5 000单位/千克体重，每日2次。主要用于治疗兔巴氏杆菌病、传染性鼻炎、副伤寒等。

(5)卡那霉素：粉针，肌内注射10～20毫克/千克体重，每日2次。主要用于治疗坏死性肠炎、乳房炎以及呼吸道、泌尿系统、肠道感染等。

(6)强力霉素：片剂，0.1克/片，内服100～200毫克/千克体重；粉针，0.1克/支和0.2克/支，静脉注射2～4毫克/千克体重。主要用于治疗葡萄球菌病、波氏杆菌病、沙门氏杆菌病和大肠杆菌病等。

购买抗生素时要注意有效期，过期的抗生素治疗疾病无效果。

2. 磺胺类和呋喃类药物

抗菌谱很广，能防治巴氏杆菌病、大肠杆菌病和葡萄球菌病等。

(1)磺胺嘧啶(SD)：片剂，0.5克/片，内服0.1克/千克体重，每日2次。

(2)磺胺噻唑(ST)：片剂，0.5克/片，内服0.1克/千克体重，每日2次。

(3)磺胺二甲嘧啶(SM$_2$)：水针，1克/10毫升，肌内注射0.05克/千克体重，每日2次。

这类药物可治疗兔的巴氏杆菌病、葡萄球菌病、李氏杆菌病、仔兔黄尿病和传染性口炎等。

(4)磺胺脒(SG)：片剂，0.5克/片，内服0.15克/千克体重，每日 3 次。用于治疗大肠杆菌、沙门氏菌引起的兔副伤寒、急性肠胃炎等肠道疾病。

(5)呋喃唑酮：又称痢特灵，片剂，0.1 克/片，内服 5～10 毫克/千克体重，每天 2～3 次，可连用 3～5 天。用于治疗沙门氏杆菌病、大肠杆菌病、急性胃肠炎等。

(6)诺氟沙星：又称氟哌酸，片剂、胶囊，内服 10 毫克/千克体重，每天 2～3 次，可连用 3～5 天。用于治疗膀胱炎、肠炎、菌痢等。

(7)乙基环丙沙星：又称恩诺沙星，口服剂，口服 2.5～5 毫克/千克体重，每天 2 次；针剂，肌内注射 2.5～5 毫克/千克体重，每天 2 次，连用 3 天，必要时停药 2 天后，再连用 3 天。用于治疗大肠杆菌病、沙门氏杆菌病、巴氏杆菌病、链球菌病、葡萄球菌病等。

为了充分发挥磺胺类药物的抗菌作用，首次应用时剂量必须加倍，而且待症状消失后，应继续用药 1～2 天，以达到根本治疗的目的。

3. 抗寄生虫药物

(1)氯苯胍：片剂和粉剂，预防球虫病，每千克饲料加入 150 毫克，治疗时剂量加倍。

(2)敌百虫：粉剂，兽用精制敌百虫，配成 2% 溶液，外用治疗疥癣、虱等。

(3)阿维菌素：又称灭虫丁，水针，肌内注射 0.2～0.3 毫克/千克体重。对肠道线虫具有强力、高效的驱虫作用，对螨虫虱子等也具有好的治疗效果。

(4)球痢灵:又叫硝苯酰胺,对多种球虫有效。预防量为每千克饲料中添加 125 毫克,治疗量为添加 250 毫克。

4. 其他药物

(1)大黄苏打片:片剂,0.5 克/片,内服 1～2 片/只,有健胃作用,主治消化不良、食欲不振等。

(2)复方安基比林:针剂,2 毫升/支,肌内注射 1～2 毫升/只,有解热镇痛作用,用于治疗感冒等发热性疾病。

(3)碘酊:2%～5%,外用皮肤消毒,化脓伤口处理。

(4)酒精:75%,外用注射部位消毒。

(5)硫酸阿托品:针剂,每次肌内注射 0.5 毫克,每日 1～2次。可解除有机磷中毒。

(6)凡士林:用于配制消炎软膏和人工授精时作润滑剂。

5. 疫苗的使用

预防传染病的流行是一项很重要的工作。预防接种是控制传染病发生的有效手段。除了预防接种外,还需采取综合性的预防措施,才能保证肉兔业的稳步发展。

(1)预防接种的疾病:用于预防家兔传染病的疫苗有多种,包括"兔瘟"单苗、"兔瘟"和巴氏杆菌二联苗、"兔瘟"和巴氏杆菌与魏氏梭菌三联苗,以及魏氏梭菌、巴氏杆菌、波氏杆菌的单苗和大肠杆菌多价苗等。通过实践,我们认为应该把对兔危害最大的疾病——兔瘟作为防疫的重点。因为兔瘟是一种急性烈性传染病,一旦发生,传播迅速,死亡率相当高,几乎全群覆没,所以必须重点预防,切不可麻痹大意。

（2）使用兔瘟单苗预防兔瘟病最为可靠：根据一些兔场防疫经验和防疫效果，一致认为用兔瘟单苗预防注射，都能取得满意结果。此外，再根据兔群的发病情况，对巴氏杆菌、魏氏梭菌病进行疫苗的防疫注射。

（3）免疫程序：养殖场要定期用兔瘟疫苗进行预防注射，一般每只兔颈部皮下注射 1 毫升疫苗，免疫保护期可达 4～6 个月，一般每年注射 2～3 次。未经免疫过的兔群，出生后 20～30 日龄的仔兔应进行预防注射；经过免疫的兔群，其仔兔到 45 日龄左右再次进行预防注射。

（4）注射疫苗时必须注意的事项：每次防疫后，必须记录防疫日期、兔的耳号、疫苗生产厂家、日期、批号，以备查考，切不可使用过期失效和来路不明的疫苗。注射器皿经煮沸消毒，待冷却后才可吸取疫苗。疫苗使用前必须摇匀，注射器吸入疫苗后需排除其中的气泡，注射部位必须消毒。注射剂量必须准确，拔出针头时，要用酒精棉花轻压一下注射部位，防止疫苗从针孔外流。每注射一只兔要换一个针头。瓶内疫苗最好一次用完，若有剩余只能短期保存。瓶塞上的针眼处需滴蜡封闭。

疫苗要存放在冰箱内的冷藏室，决不可放在冷冻层。如无冰箱，可采取土法保存，即用塑料口袋将小瓶装疫苗包扎好，放入有盖的坛子，埋入院角背阴处地下，或吊挂在水井中，能较好地短期保存。

6. 给药方式

由于给药的方式不同，进入兔子体内的药物，其作用的快慢、强弱和效果也不同，因此，在肉兔生产过程中，当肉兔发生疾病时,要根据病兔的病情、药物的性质以及兔子体重的大小等,决定给药方式。常用的给药方式主要有口服给药、注射给药和局部给药。

(1)口服给药:操作简便,适用于多种药物,尤其是治疗消化道疾病的药物。缺点是药物易受胃肠内微环境的影响,药效较慢,药物吸收不完全。口服给药包括以下几种方法。

①拌料给药法:适用于毒性小、适口性好、无不良异味的药物,或兔患病较轻、尚有食欲时。在给药之前,应根据病兔的采食量、用药剂量,确定添加在饲料中的药物浓度。必须将药物均匀地拌在饲料中,如果拌药不均匀,有的病兔吃料时,所采食药物剂量过大,易引起药物中毒;有的病兔采食的药物剂量过少,达不到治疗的效果。这种方法一般多用在大群预防性给药或驱虫。

②投服给药法:适用于药量小,有异味的片(丸)剂药物,或食欲不振的病兔。投药时,助手保定病兔,操作者一手固定头部并捏住兔面颊使口张开,另一只手用镊子或筷子夹住药片(丸)送到病兔的舌根部,再用少量清水灌服。如果投药时,将药片(丸)放在病兔舌头上,放开兔子后,兔子会将药片(丸)吐掉。

③饮水给药法:适用于毒性小、适口性好、无不良异味的药物。应根据家兔的平均体重、饮水量,确定用药浓度。因家兔饮水量与体重、环境温度有关,同一体重兔饮水量随环境温度升高随之增加,因此,在实际应用中要灵活掌握饮水中药物的浓度,适时适量。应了解药品理化性质,注意酸碱药剂不可混合使用,所用药物要溶于水,微溶或部分溶解的药剂不适于饮水投药,可改为拌料。药物应溶解充分、调匀。稀释药物时应用干净无污

染的洁净水,最好是凉开水。先用适量的洁净水将所用药物充分溶解后,再加水至需要量。如果药物调配不匀,易造成不良后果,有些药物要按说明认真对待。饮水给药要现配现用,不能放置太久,否则会降低疗效。饮水给药方法要正确,在给药饮水前至少保持 2 小时限水,否则家兔会因药水饮量不足达不到效果,起不到治疗作用。

④胃管给药法:一些有异味、适口性差、毒性较大的药物或病兔拒食时,可以采用这种方法。给药时,由助手保定好兔子,同时固定好头部,用开口器(木或竹制,长 10 厘米,宽 1.8~2.2 厘米,厚 0.5 厘米,正中开一个比胃管稍大的小圆孔,直径约 0.6 厘米)打开病兔口腔,然后将胃管(也可以人用导尿管理代替胃管)涂上润滑油,将胃管从开口器上的小孔穿过,缓慢向口腔咽喉部插入。当病兔有吞咽动作时,及时把胃管插入食道,大约 20 厘米达到胃部,将胃管的另一端浸入水中,未见气泡出现,表明胃管已插入胃内,此时用注射器吸取药液,通过胶管注入胃内,然后拔出胃管,取出开口器;如出现气泡,说明误入气管,应迅速拔出重插。

(2)注射给药:具有用药量准、安全、节省药物且病兔吸收快、见效快等特点,但必须注意药物质量和严格消毒。常用的注射给药方法有以下几种:

①皮下注射法:主要用于预防性注射疫苗。注射部位主要是在耳根后部(颈部皮下),也可选用腹中线两侧或腹股沟附近,局部剪毛,用 70%~75% 酒精或 2% 碘酒棉球消毒。注射时,左手大拇指、食指和中指捏起皮肤呈三角形,右手持注射器于三角形基部将针头刺入皮下,将药液注入皮下。注射完毕后,用酒精

棉球压住针孔处，以防药液流出，同时对针孔处进行消毒。皮下注射适宜用短针头，以防刺入肌肉内，特别是颈部皮下注射时，更应用短针头注射，长针头使用不慎时，易将针头刺入兔子脊椎，一旦中枢神经受到损伤，会引起兔子瘫痪。

②肌内注射法：适于多种药物，但不适用强刺激性药物（如氯化钙等）。注射部位可选在臀肌和大腿部肌肉。经局部剪毛消毒后，左手紧按注射部位，右手持注射器，针头垂直刺入，刺入深度根据注射部位肌肉的厚度而定，缓慢将药物全部注入，拔出针头后再消毒。

③静脉注射法：多用于病兔病情严重时注射药物或补液。注射部位为两耳外缘的静脉。注射时，由助手保定好病兔，耳边缘剪毛（毛短者可拔毛），消毒注射部位，左手拇指与无名指和小指相对，捏住耳尖部，以食指和中指夹住压迫静脉向心侧，使静脉血管怒张。如静脉不明显，可用手指弹击耳壳数次，使血管怒张，针头以15°角刺入血管，而后使针头与血管平行向血管内进入到适当深度。注射器回抽时见血，推药时没有阻力，无鼓包出现，说明刺针正确，随后缓慢将药液推入血管。注射完成后，拔出针头，立即用酒精棉球压迫注射部位，以防血液流出。

（3）局部给药：为了治疗局部疾患，常将药物施于患部皮肤和黏膜，以发挥局部治疗作用。局部用药应防止吸收引起中毒，尤其当施药面积大时，应特别注意用药浓度及用量。

①滴眼：适用于眼结膜炎症，可将药液滴入眼结膜囊内。滴药时，将上、下眼睑分开，将药液滴入眼睑与眼球间的囊内，每次滴入2～3滴。如为眼膏，则将药物挤入囊内。眼药水滴入后不要立即松开手，否则药液会被挤压并经鼻泪管开口而流失。滴

眼的次数一般每隔 2～4 小时 1 次。

　　②涂擦：主要用于皮肤、黏膜的感染及疥癣、毛癣菌等治疗。治疗时，将药物溶液或药物软膏涂在病兔皮肤或黏膜上即可。

　　③洗涤：用药物溶液冲洗病兔的皮肤或黏膜，以治疗局部的创伤感染，如眼膜炎、鼻腔及口腔黏膜的冲洗，皮肤化脓疮的冲洗等。常用的有生理盐水和 0.1％高锰酸钾溶液等。

八、家庭肉兔养殖场的经营管理

家庭肉兔养殖场饲养肉兔的目的是以较低的成本获取数量多、质量优的兔皮、兔肉等肉兔产品,从而提高养殖场的经济效益。要达到这一目标,一方面要不断提高肉兔生产的科学技术水平,另一方面还必须提高养殖场的经营管理水平。如果经营管理不善,将导致生产水平低下,经济效益不高,甚至亏本,这样的肉兔养殖场难以维持下去。

(一)经营决策与销售

兔场的经营决策是指对兔场的建场方针和奋斗目标,以及为实现这一方针和目标所采取的重大决策和措施。决策的正确与否,对兔场的经济效益和成败起着决定性的作用。兔场的决策主要包括经营方向、生产规模、饲养方式、兔场建设等内容。

1. 经营方向

(1)专业化兔场:这类兔场是以饲养单一类型的家兔为生产目的。家庭肉兔养殖场一般饲养小部分用于繁殖商品肉兔的种兔,主要以生产商品肉兔为主,对外少量供应肉兔的种兔。我国大部分地区均可饲养肉兔,但以北方更为适宜。

(2)综合性养兔场:这类兔场除饲养肉兔外,还兼养獭兔、长毛兔,当兔肉市场行情滑坡时,肉兔停止繁殖,以保种为主,大力发展市场行情较好的獭兔或长毛兔。当兔肉市场复苏时,可东山再起,这是一种有战略眼光的做法。

另外,有些兔场以养兔为主兼营其他行业,走共同发展道路。如有些家庭肉兔养殖场除饲养商品肉兔为主外,还用兔粪养鱼,鱼增产,收入增加,促进了肉兔养殖场的发展。

2. 生产规模

(1)大中型兔场:这类兔场养殖规模化,技术力量强,兔舍结构合理,设备完善,生产量大。基础母兔群多为 300～500 只,每年可提供种兔 6 000～10 000 只或商品兔 9 000～15 000 只。

(2)小型兔场:基础兔群在 100～200 只,每年可提供种兔或商品兔 2 000～6 000 只。这类兔场饲养小量种兔,所选留的种兔除作为本场更新种兔外,还可向社会提供部分种兔。

(3)专业户家庭兔场:基础母兔大多在 100 只以下,以生产商品肉兔为主。

家庭肉兔养殖场在发展肉兔生产的过程中,应根据本场的实际情况,选择适宜的饲养规模,要综合考虑肉兔市场的发展趋势、产品销售渠道、本场投资能力、饲养条件、技术水平以及投产后的经济效益等因素,切不可盲目追求大规模,而导致决策失误。

3. 饲养方式

按肉兔养殖集约化程度的不同,其饲养方式分为以下 3 种:

(1)集约化方式:其特点是兔舍建筑科学,设备齐全,机械化程度高,自动喂料,自动清粪,技术力量雄厚。兔舍环境可人工控制,生产力水平高,产品质量好。但投资高,适宜于发达国家或经济发达地区。

(2)半集约化方式:这是我国目前大、中型兔场普遍采用的方式。其特点是半开放式兔舍,兔舍环境可部分调控,采用自动饮水,全价颗粒饲料喂兔,有一定的技术力量,生产水平较高。

(3)传统饲养方式:其特点是生产规模小,兔舍及设备简陋,基本采用手工操作,饲料以青粗饲料为主,适当搭配精料(也有用颗粒饲料)。这种方式生产力水平低,效益不高。这是我国目前肉兔饲养的主要方式。

4. 兔场建设

肉兔喜欢安静、卫生、干燥的环境,因此,良好的兔场建设与设计是搞好肉兔生产的重要物质基础。兔场建设的具体内容已在肉兔养殖场建设作了介绍。

5. 产品营销

肉兔产品营销,就是把生产出来的肉兔产品,包括种兔、兔皮、兔肉以及其他可以利用的东西,通过一定的渠道销售出去,以获取应有的经济效益。开展肉兔产品营销,一切要以满足市场消费需要为依据,以获得最佳经济效益为目的。在具体操作过程,须注意以下三点:①要重视信息,掌握市场动态,以利指导产销;②要重视产品质量,充分发挥潜在性能,不断进行创新;③要搞好服务,协作各方,拓展市场。

(二)生产管理

1. 制定年度生产计划

年度生产计划就是根据兔场的经营方向、生产规模、本年度的具体生产任务,结合本场的实际情况,拟定全年的各项生产计划与措施。在制订生产计划时,必须考虑以最少的生产要素(如兔舍、资金、劳动力等)获得最大的经济效益为目标。

(1)总产计划与单产计划:总产计划是指兔场年度争取生产的商品总量。如肉兔场一年出售的肉兔总只数,其中还包括淘汰种兔或不合格种用的只数。

单产即单产产量,例如兔场每只繁殖母兔平均产仔数。总产与单产密切相关,总产反映了兔场的经营规模和生产水平,是兔场全部单产的集中表现,而单产是总产的实际基础。因此,要想方设法提高单产水平,以最终达到实现年度总计划的目的。

(2)利润计划:兔场的利润计划是全场全年总活动的一项重要指标,即全年的纯收入。利润计划受生产规模、生产水平、经营管理水平、饲料条件、技术条件、市场情况及各种费用开支等因素制约。家庭肉兔养殖场应根据自己的实际情况制定利润计划,以确保利润计划顺利实现。

(3)兔群结构:兔群结构是由一定数量的公兔、母兔和后备兔组成。通常按自然本交方式,繁殖群公、母兔比例为 1∶(8～10)为宜。年龄结构上,由于肉兔是多胎动物,年产胎次较多,利用年限较短,一般为 2～3 年。1 岁以下的后备青年兔生长迅速,体质健壮,但繁殖能力差,1～2 岁时为最佳利用年龄。3 岁以上,繁殖等生产性能下降,应建立定期淘汰更新制度,使兔群结构保持最佳状态,每年公、母兔的更新率宜在 15％～30％,具体视兔群大小而定。

　　下面推荐一个兔群结构数值供参考:7～11 月龄为 15％～20％,1～2 岁为 40％～50％,2～3 岁为 35％～40％。生产实践中应根据情况随时调整。目前,普遍存在的一个问题是没有详细的配种计划,未经严格选择的种用公兔过多,是兔群质量退化的重要原因,应予以重视。

　　在组织兔群结构的同时,应根据兔群结构安排生产计划、交配计划和产仔计划,做到心中有数,避免盲目性。

　　(4)兔群周转计划:肉兔场大多自繁自养,以一个规模为 100 只繁殖母兔的兔场为例,若公、母比例为 1∶6,则需要公兔 15 只。种兔使用年限为 3 年,则每年约更新 1/3,即更新母兔 28～29 只,公兔 5 只。为保险起见,在选留后备种兔时,应适当高于此数。合计常年存栏,繁殖母兔 100 只,种公兔 15 只,后备公、母兔 45 只(略高于实际需要),仔兔及幼兔 500 只(按每只母兔年产 4～5 胎,每胎育成 5～6 只计算),年饲养量 2 000～3 000只。

　　专业肉兔场所生产的仔兔除少数留种外,多数作为商品兔生产之用。

　　国外经济发达的养兔生产国,饲养商品兔实行“全进全出”

的流水作业生产方式,集约化生产,要求配种、产仔、断奶、肥育等程序一环扣一环,如果在某个环节上周转失灵,就会打乱全场生产计划。为了使商品生产条件有条不紊地进行,充分发挥现有兔舍、设备、人力的作用,达到全年均衡生产,实现高产稳产,保证总产计划和利润计划的完成,就必须制订好全年兔群周转计划,并保证实现。

(5)饲料计划:饲料是发展养兔业的物质基础,也是养兔生产中开支较大的一个项目,必须根据本场的经营规模、饲养方式和日常喂量妥善安排。

①传统饲养:是一种以青粗饲料为主、精料为辅的饲养方式。如前所述,一个种兔场常年有繁殖母兔 100 只,种公兔 15只,后备兔 45 只,仔兔及幼兔 500 只,共 660 只。平均每只兔(大小兔平均)每天需青饲料 0.5 千克,每年共需青饲料(或由干草折成)约 12 万千克;每只种兔平均每天消耗混合精料 0.1 千克,其他兔平均每天消耗 0.05 千克,全年共需混合精料 1.4 万千克。

②集约化、半集约化饲养:这种饲养方式全部采用全价颗粒饲料,只需供水即可。一个兔消耗的饲料数量可按以下标准估算:繁殖公兔每天需料 140～150 克;非配种公兔和空怀母兔每天需料 120 克;每只产皮肉兔每天需料 110～130 克;每只带仔哺乳母兔每天需料 350～380 克;每只成年兔维持饲养每天需料120 克。

2. 重要措施

(1)技术措施:种兔良种化,饲料全价化,设备标准化,防疫程序化,管理科学化,是对肉兔生产要求的高度概括,不论是国营、集体兔场,还是专业户兔场,都应朝着这个方向努力。

(2)生产措施

①提高繁殖力:采用传统饲养方式,影响繁殖力的因素较多。为了提高经济效益,必须增加产仔窝数,在适宜的季节抓紧配种繁殖,创造条件进行冬繁。肉兔年繁殖窝数一般为4～5窝,在饲养管理水平较高、母兔比较健壮的情况下,可达5～6窝。

在半集约化条件下,改进配种技术,增加产仔窝数,提高受胎率。

②提高存活率:提高存活率是提高经济效益的另一个重要方面。据报道,仔兔出生至断奶期间死亡率约为15%,断奶至屠宰时死亡率约为10%。因此,从仔兔出生到屠宰,要千方百计减少死亡,这是保证生产计划和利润计划顺利完成的关键。

③适时更新种兔群:对种兔来说,1～2岁繁殖力最高,超过2.5岁繁殖力即逐渐下降。以传统方式饲养,种兔可使用3年,少数使用4年;若采用集约化饲养,则种兔表现最佳繁殖性能的时间缩短1～1.5年。要防止种兔退化,除注意种兔的选育以外,还要及时更新种兔,引进优良种兔血统,以保持兔群的高产性能。

④降低饲料费用:饲料费用约占养兔成本的70%以上,因此,降低饲料费用对于实现养兔生产低成本、高效益意义重大。要做到这一点,可以从两方面着手:首先,要制定合理的饲料配方,要求成本低,营养全。其次,要广辟饲料来源,我国区域辽阔,饲草资源丰富,要充分利用各种野草、野菜、树叶等,有条件

的还可人工种植牧草,优质作物秸秆也可作用肉兔冬季饲料。在精料中,用好粮食及其加工副产品,如糠麸、饼粕、渣类等,还可将有毒的棉籽饼、菜籽饼经去毒处理后饲喂肉兔,以降低饲料成本。此外,在饲喂过程中,尽可能减少抛撒浪费现象。兔有扒槽恶习,采用合理料槽,防止被兔扒翻,以免造成浪费。还要防止饲料霉变以及鼠、雀等偷吃。

⑤搞好生产统计:肉兔场的生产统计,以文字和数据形式记录各兔舍或班组生产活动情况。它是了解生产、指导生产的重要资料,也是进行经济核算、评价职工劳动效率的重要依据。

(3)经济措施:所谓经济措施,就是采用经济管理的方法,制定出一些具体措施来管理兔场生产。

①对内实行"联产承包"生产责任制。"联产承包"责任制是当前肉兔场中实行生产责任制的一种形式。主要分为两方面:一是兔场向上承包全年总产和总利润;二是兔场对下属各生产班组和个人订各项生产指标。由于专业任务不同,承包的内容也不同。种兔舍主要是全年提供一定规格的断奶兔数、种兔的耗料标准;商品肉兔舍则主要是全年可提供一定规格的商品兔只数和耗料标准等。此外,还要规定不同肉兔的饲养定额以及药费、水电费等项开支。在此基础上,签订合同,定期检查,实行奖罚。

②对外订立各种经济合同。兔场在进行生产和产品销售过程中,常常要与有关单位或外商发生经济往来,例如购买饲料、药品、设备和产品销售等。为了保证这些活动渠道畅通,必须与有关单位或外商签订供销合同,使双方都承担各自的经济责任,共同把生产搞好。

（三）成本核算

家庭肉兔养殖场经过一定阶段（月、季、年）生产后，应进行生产小结和总结，通过经济核算来检查生产计划和利润计划的执行情况，在此基础上进行经济分析，从中找出规律性的东西，以改善生产经营，提高经济效益。

现以商品肉兔场年度生产计划、利润计划执行情况的检查为例进行分析。年度生产计划经济稽查的主要内容有：

1. 核实全年总产和收入情况

（1）全年商品肉兔总产量：是指 1 月 1 日至当年 12 月 31 日内出售商品肉兔的总数量。

（2）全年出售商品肉兔的总收入：是指 1 月 1 日至当年 12 月 31 日内出售商品肉兔收入的总和（未出售应盘点折价列账）。

（3）全年淘汰肉兔收入：指出售淘汰肉兔的实际收入。

（4）兔粪收入：按每只成年兔年产兔粪 100～150 千克计算，价格按当地兔粪价格折算。

（5）兔只盘点：年终进行兔只盘点，按各类肉兔的只数分别折价。盘点后算出存栏数，减去上年存栏数，即为本年增值数，乘上每只折价，就得出全部增值兔的经济价值。

2. 肉兔场总开支

（1）饲料费：包括肉兔群消耗的各种饲料，上年库存转入的饲料应折款列入当年开支；年底库存结余的饲料应折款转为下年的开支。

（2）生产人员的工资、奖金、劳动福利：按年实际支出计算。

（3）固定资产折旧：①房屋折旧：是指兔舍、库房、饲料间、办公室和宿舍等建筑的折旧，砖木结构折旧年限为20年，土木结构为10年。各兔场可根据当地折旧规定处理。②设备折旧费：是指兔笼、产仔箱、饲料生产加工机械折旧，折旧年限为10年，拖拉机、汽车为15年。凡价值百元以上的设备均属固定资产。

（4）燃料费、水电费：兔场耗用的全部燃料，包括煤、汽油、柴油以及耗用的全部水费、电费。

（5）医药费、防疫费：肉兔群消耗的各种兽药等。

（6）运输费：车辆的养路费、保险费、停车过桥费等以及租用货车费。

（7）引种费：引进种肉兔所花费的费用。

（8）维修费：兔场维修兔舍、设备及其他部门耗用的维修费（包括运输工具的维修费）。

（9）低值易耗费：指百元以下零星开支，如购买工具、劳动用品等，按实际开支列入当年支出。

（10）管理费：指肉兔场的非直接生产人员的工资、奖金、福利待遇，以及对外联系的差旅费等，均应列入当年支出。

（11）其他开支：指上述10项以外的开支。

3. 肉兔场年盈亏计算法

盈利＝各项收入的总和－各项支出的总和

亏损＝各项开支的总和－各项收入的总和

(四)提高家庭肉兔养殖场经济效益的途径与措施

肉兔养殖业与其他养殖业一样,具有先天性风险较大、企业管理难等特点。家庭肉兔养殖场的主业是从事肉兔的生产与经营活动,自然也会面临风险大、难管理的问题。

1. 选择优良品种,提高生产性能

品种的优劣直接关系到养兔的效益,不同品系、兔群之间生产性能差异很大,饲养成本大致相同,产生的效益却差别很大,因此在引进种兔时一定要注意品种质量。作为繁殖用的种兔一定要到二级场以上的种兔场引种,不要图价格低廉而购买劣质种兔。在本场选留种兔时要选优汰劣,把本场最优秀的个体留作种用,扩大优良兔群,杂交兔本身生产性能较好,但不能留作种用。引种时应少量引进,逐步扩群,减少引种费用。

2. 搞好饲养管理,充分发挥生产潜力

科学的饲养方法,是提高养兔效益的重要一环,在生产上要采用科学饲养管理、合理搭配饲料、科学饲喂,达到提高繁殖率,提高仔兔成活率,以及预防疾病、减少发病和死亡率的效果。

3. 提高饲料利用率,节约饲养成本

饲料是肉兔生长发育的养分来源,也是形成产品的原料。

从兔产品成本分析,饲料费用一般占整个生产费用的 60% 以上,农户养兔占的比例更高,所以对生产成本和经济效益的高低起着重要作用。因此,提高饲料利用率,节约饲料费用开支,是提高养兔生产效益的重要途径。

(1)推广和应用颗粒饲料:肉兔在生长发育、繁殖过程中对营养有不同的要求,为了达到好的经济效益,必须根据肉兔生长规律,科学配制饲料。颗粒饲料配合比例适当,营养全面,采用颗粒饲料比自然单一饲料饲喂效益要高,可以减少疾病发生,提高繁殖率和生长发育速度,提高产品的产量和质量。在应用颗粒饲料的基础上,可以适当搭配青饲料,以降低饲养直接成本。

(2)确保饲料利用率,减少饲料浪费:选择适度的饲料投入量是提高饲料利用率的重要方面,实践证明:随着饲料投入量增加,单位饲料对兔产品的转化率按先递增后递减的速度变化,要提高单位饲料的转化率关系到最佳的饲料投入量,最适度的饲料投入量应通过实践,在比较、核算基础上确定。如果颗粒饲料按标准配制,一般每只兔每天的饲喂量控制在 0.15 千克左右。

4. 生产与市场相结合,提高养兔经济效益

养殖户应及时把握好市场行情,调整好养殖规模,不能无计划盲目生产。只有增强产品适应市场变化的能力,肉兔场才会立于不败之地。这就要求兔场饲养的家兔品种类型不要单一。例如,肉兔场不妨也养一些长毛兔或獭兔,一旦市场变化,可及时调整兔群和产品结构。

5. 开展加工增值, 搞产品综合开发利用

　　加工的利润远远大于原料产品的生产。兔场的产品,无论是兔皮、兔肉,在出场销售之前可以自己先进行初加工,如肉兔的屠宰加工等。有条件的兔场,还可创办与其产品相适应的食品、生物制剂等加工厂,则可成倍地提高产值,增加利润。兔粪,既是兔场的废弃物,又是产品。它是优质肥料,不仅可用于农作物增产,还可配制"花肥",销往园林、花卉市场。因为兔粪含有较高的有机养分;兔粪可用于喂猪、喂鱼等,如将新鲜兔粪经太阳晒干后粉碎,可按 20%～30% 的比例配入猪的配合饲料中喂猪;此外,还可以利用兔粪生产沼气,沼气可以用来照明和烧饭。

★成功实例

　　江苏省高邮市一个高考落榜青年原先在一家企业工作,后来该企业经济效益不好,便辞职回家,他通过咨询和市场调研,发现饲养肉兔有较好的经济效益和发展前景。在市场调查的基础上,就养殖场的经营方向、生产规模、饲养方式等方面进行养殖定位,决定以饲养商品肉兔为主,适当地进行种兔生产。该青年利用几年企业工作积累的资金,建立了一个家庭肉兔养殖场,决定先从小群肉兔饲养为主,不断积累生产实践经验。刚开始时,由于没有饲养经验,在肉兔养殖过程中,很多饲养管理措施不到位,养殖场并没有赚到钱。但该青年并没有放弃,在认真总结了一年的养殖经验和教训的基础上,一方面认真学习肉兔养殖的理论知识,另一方面向专家和有经验的养殖能手请教。从

第二年开始,养殖场严格按照肉兔的生活习性和不同年龄肉兔的生理需求,制定了切实可行的饲养管理制度和饲料配方。同时制定了年度生产计划、肉兔群周转计划、饲料供应计划以及产品销售计划等。通过一年的辛勤劳动,养殖场就有了经济效益。目前,该养殖场的规模从原来的 6 只种公兔、20 只种母兔,发展到现在的种公兔 20 只、种母兔 200 只,年出栏商品肉兔 5 000 多只,同时还向周边的农民出售少量种兔,除去各种相关费用,年纯收入 4 万多元。